普通高等教育“十三五”土建类专业系列规划教材

给排水科学与工程专业水环境实验教程

主　编　张建锋

副主编　刘　伟

主　审　黄廷林

图书在版编目(CIP)数据

给排水科学与工程专业水环境实验教程/张建锋主编.
—西安:西安交通大学出版社,2017.10(2018.8 重印)
ISBN 978-7-5693-0230-1

Ⅰ.①给… Ⅱ.①张… Ⅲ.①给排水系统-实验-教材 Ⅳ.①TU991-33

中国版本图书馆 CIP 数据核字(2017)第 260749 号

书　　名 给排水科学与工程专业水环境实验教程
主　　编 张建锋
责任编辑 王建洪

出版发行 西安交通大学出版社
(西安市兴庆南路 10 号　邮政编码 710049)
网　　址 http://www.xjtupress.com
电　　话 (029)82668357　82667874(发行中心)
(029)82668315(总编办)
传　　真 (029)82668280
印　　刷 西安日报社印务中心

开　　本 787mm×1092mm　1/16　**印张** 11.875　**字数** 287 千字
版次印次 2017 年 11 月第 1 版　2018 年 8 月第 2 次印刷
书　　号 ISBN 978-7-5693-0230-1
定　　价 29.80 元

读者购书、书店添货,如发现印装质量问题,请与本社发行中心联系、调换。
订购热线:(029)82665248　(029)82665249
投稿热线:(029)82668133
读者信箱:xj_rwjg@126.com

前言

为了适应“环境类大学科”的发展需要，推进环境类实验教学改革和发展，保障西安建筑科技大学给排水科学与工程专业“卓越工程师教育培养计划”的顺利实施，根据环境与市政工程学院环境类实验教学大纲，结合多年实验教学经验编辑成稿《给排水科学与工程专业水环境实验教程》。实验类型包括验证性实验、设计性实验和综合性实验，强调理论联系实践，并充分考虑专业理论教学的时序，注重专业知识应用的交叉融合，力求使本科生更好地理解和掌握理论知识。在专业实验部分，增设了具有较强工程实践与应用背景的拓展性实验内容，以配合“卓越工程师教育培养计划”实践的教学要求。

《给排水科学与工程专业水环境实验教程》对应的专业课程包括“水分析化学”“水力学”“泵与泵站”“水处理微生物学”“环境监测与评价”“水质工程学”等，主要面向给排水科学与工程专业学生在第二学年至第四学年的实验基础课和实验专业课，同时也可作为市政工程和环境工程水处理领域研究生开展实验研究的参考书。

本书内容包括：实验设计与数据处理、水分析化学实验基础知识、分析化学实验基本操作、水分析化学实验、工程流体力学和流体机械实验、水处理微生物学实验、环境监测与评价实验、水处理实验。本书由西安建筑科技大学环境与市政工程学院老师组织编写，张建锋担任主编，刘伟担任副主编。全书共分为11章，第1章由张建锋编写，第2～5章由蒋欣、文刚、朱维晃编写；第6章由杨成建、张志政编写；第7章由严双志、高湘编写；第8章由刘伟、刘永军编写；第9章由刘伟编写；第10～11章由张建锋、袁宏林编写。全书由张建锋、刘伟统稿，黄廷林主审。本书编写得到环境与市政工程学院环境类专业实验教学示范中心和给排水科学与工程专业教研室各位老师的积极支持和帮助，在此衷心感谢。

由于编写时间紧迫，本书涉及给排水科学与工程专业多门课程，书中不妥之处敬请批评指正。

编者

2017年9月

目录

第1章 实验设计与数据处理

1.1 实验设计的基本概念

实验是研究水处理技术、保证水处理设施或系统高效运行不可或缺的必要手段，实验设计的目的在于针对特定问题，分析确定最有效、最合理的实验步骤和流程，以期用最少的人力、物力和时间获得满足要求的实验结果。

优化实验设计，就是在特定的实验进行之前，根据实验的研究目标，利用数学工具科学合理地安排实验步骤，力求迅速找到最佳的研究结果。优化实验设计可以有效减少实验次数，节省原材料并较快得到有用信息，近年来在科学研究和工程实践中日益得到重视。从最初的传统均分和对分实验安排方法，发展演化出来的单因素0.618法和分数法（斐波那契数列法）、分批实验法、多因素的正交实验设计法、平行线法等实验设计理念，被世界各国的科研和工程技术人员广泛采用，取得了很好的效果。

实验设计的基本概念包括：

1. 实验方法

通过做实验获得大量的自变量与因变量一一对应的数据，以此为基础来分析整理并得到客观规律的方法，称为实验方法。

2. 实验设计

实验设计是指为节省人力、财力并迅速找到最佳条件，揭示事物内在规律，根据实验中不同的问题，在实验前利用数学原理科学编排实验的过程。

3. 指标

在实验设计中用来衡量或判断实验效果好坏所采用的标准称为实验指标或简称指标。例如，取自天然河流中的水含有大量悬浮物而呈现混浊，为了降低浊度满足使用要求一般需要向水中投加混凝剂，当实验目的是求得混凝剂的最佳投药量时，水样中剩余浊度即作为实验指标。

4. 因素

对实验指标有影响的条件称为因素。例如，在水中投加适量的混凝剂可降低水的浊度，因此混凝剂即作为分析的实验因素，简称为因素。有一类因素，在实验中可以人为地加以调节和控制，如水质处理中的投药量，称为可控因素。另一类因素，由于自然环境和设备等条件的限制不能人为调节，如水质处理中的气温，称为不可控因素。在实验设计中，一般只考虑可控因素，因此本书中的因素凡未特别说明都指可控因素。

5. 水平

因素在实验中所处的不同状态或取值，可能引起指标的变化。因素变化的各种状态称为因素的水平。某个因素在实验中需要考虑它的几种状态，就称为几个水平的因素。

因素的各个水平有的能用数量表示，有的不能用数量表示。例如，有几种混凝剂都可以降低水的浊度，要确定哪种混凝剂较好，几种混凝剂就表示混凝剂这个因素有几个水平，不能用数量表示。凡是不能用数量表示水平的因素，称为定性因素。在多因素实验中，经常会遇到定性因素。对于定性因素，只要对每个水平规定其具体含义，就可与通常的定量因素一样对待。

6. 因素间的交互作用

若实验中所考虑的各因素相互间没有影响，则称因素间没有交互作用，否则称因素间有交互作用，并记为 A(因素)×B(因素)。

1.2 单因素实验优化设计

只有一个影响因素的实验，或影响因素虽多但在安排实验时，只考虑一个对指标影响最大的因素，其他因素及其取值保持不变的实验，称为单因素实验。如何选择实验方案来安排实验、找出最优实验点、使实验结果最好，是实施实验前要考虑的基本问题。

在安排单因素实验时，一般考虑三方面的内容。

首先，确定包括最优点的实验范围。设下限是 a，上限是 b，实验范围就用由 a 到 b 的线段表示(见图 1-1)，并记作$[a,b]$。若用 x 表示实验点，则写成 $a \leqslant x \leqslant b$，如果不考虑端点 a、b，就记为(a,b)或 $a<x<b$。

图 1-1　单因素实验范围

然后，确定指标。如果实验结果(y)和因素取值(x)的关系可写成数学表达式 $y=f(x)$，则称 $f(x)$为指标函数(或目标函数)。根据实际问题，在因素的最优点上，已知指标函数 $f(x)$ 的最大值、最小值或满足某种规定的要求称为评定指标。对于不能写成指标函数甚至实验结果不能定量表示的情况，例如，比较水库中水的气味，就要确定评定实验结果好坏的标准。

最后，确定实验方法，科学地安排实验点。

下面主要介绍单因素优化实验设计方法，内容包括均分法、对分法、0.618 法和分数法。

1.2.1 均分法与对分法

1. 均分法

均分法具体做法如下，如果要做 n 次实验，就把实验范围等分为 $n+1$ 份，每份的实验范围为 i，在各个分点上做实验，如图 1-2 所示。

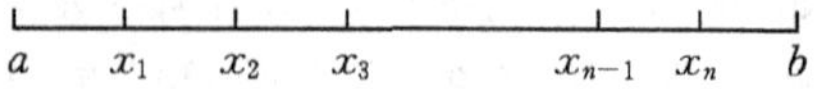

图 1-2　均分法实验点

$$x_i = a + \frac{b-a}{n+1} i \tag{1-1}$$

把 n 次实验结果进行比较，选择出所需要的最好结果，相对应的实验点即为 n 次实验中的最优点。

均分法是一种原始的实验方法。这种方法的优点是只需把实验放在等分点上，实验可以同时安排，也可以一个接一个安排，缺点是实验次数较多。

2. 对分法

对分法的要点是每次实验点取在实验范围的中点。若实验范围为$[a,b]$，则中点公式为

$$x = \frac{a+b}{2} \tag{1-2}$$

用这种方法，每次可去掉实验范围的一半，直到取得满意的结果为止。但是对分法是有条件限制的，它只适用于每做一次实验就能确定下次实验方向的情况。

如某酸性污水，要求投加碱调整 pH 值至 7～8。加碱量范围为 $[a,b]$，试确定最佳投药量。若采用对分法，第一次加药量 $x_1=\frac{a+b}{2}$，加药后水样 pH＜7（或 pH＞8），则加药范围中小于 x_1（或大于 x_1）的范围可舍弃，而取另一半重复实验，直到满意为止。

单因素优选法中，对分法的优点是每次实验可以将实验范围缩小一半，缺点是要求每次实验能确定下次实验方向。有些实验不能满足这个要求，因此对分法的应用受到一定的限制。

1.2.2　0.618 法

科学实验中，有相当普遍的一类实验，目标函数只有一个峰值，在峰值的两侧实验效果都差，将这样的目标函数称为单峰函数。图 1-3 所示为一个上单峰函数。

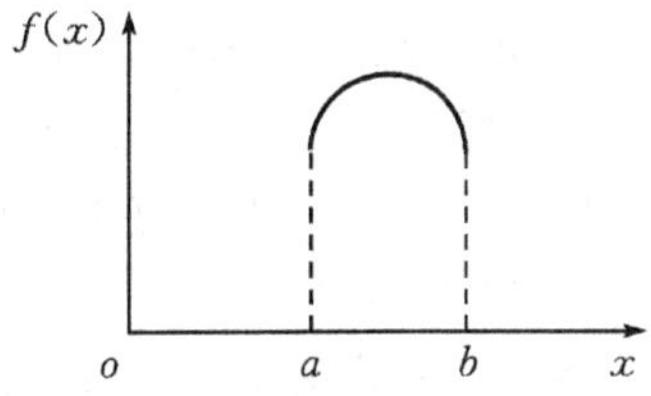

图 1-3　上单峰函数

0.618 法适用于目标函数为单峰函数的情形。具体做法如下：设实验范围为 $[a,b]$，第一次实验点 x_1 选在实验范围的 0.618 位置上，即

$$x_1 = a + 0.618(b-a) \tag{1-3}$$

第二次实验点选在第一点 x_1 的对称点 x_2 上，即实验范围的 0.382 位置上。

$$x_2 = a + 0.382(b-a) \tag{1-4}$$

实验点 x_1、x_2 如图 1-4 所示。

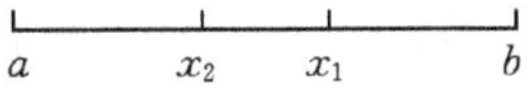

图 1-4　0.618 法第 1、2 个实验点分布

设 $f(x_1)$ 和 $f(x_2)$ 分别表示 x_1 与 x_2 两点的实验结果，且 $f(x)$ 的值越大越好。

(1)如果 $f(x_1)$ 比 $f(x_2)$ 好，根据“留好去坏”的原则，去掉实验范围 $[a,x_2]$ 部分，在剩余范围 $[x_2,b]$ 内继续做实验。

(2)如果 $f(x_1)$ 比 $f(x_2)$ 差，根据“留好去坏”的原则，去掉实验范围 $[x_1,b]$ 部分，在剩余范围 $[a,x_1]$ 内继续做实验。

(3)如果 $f(x_1)$ 和 $f(x_2)$ 实验效果一样，去掉两端，在剩余范围 $[x_1,x_2]$ 内继续做实验。

根据单峰函数性质，上述 3 种做法都可使好点留下，将坏点去掉，不会发生最优点丢失的情况。

继续做实验，在 $f(x_1)$ 比 $f(x_2)$ 好的情况下，在剩余实验范围 $[x_2,b]$ 内用公式(1-3)计算新的实验点 x_3。

$$x_3 = x_2 + 0.618(b-x_2)$$

如图 1-5 所示，在实验点 x_3 安排一次新的实验。

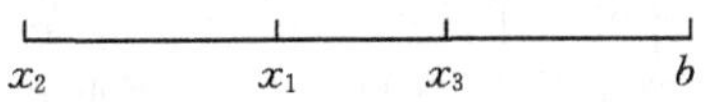

图 1-5　$f(x_1)$ 比 $f(x_2)$ 好时第 3 个实验点 x_3

在 $f(x_1)$ 比 $f(x_2)$ 差的情况下，在剩余实验范围 $[a, x_1]$ 内用公式(1-4)计算新的实验点 x_3。

$$x_3 = a + 0.382(x_1 - a)$$

如图 1-6 所示，在实验点 x_3 安排一次新的实验。

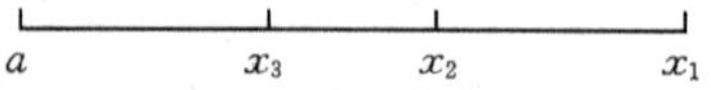

图 1-6　$f(x_1)$ 比 $f(x_2)$ 差时第 3 个实验点 x_3

在 $f(x_1)$ 和 $f(x_2)$ 实验效果一样的情况下，剩余实验范围为 $[x_2, x_1]$，用公式(1-3)和公式(1-4)计算两个新的实验点 x_3 和 x_4。

$$x_3 = x_2 + 0.618(x_1 - x_2)$$

$$x_4 = x_2 + 0.382(x_1 - x_2)$$

在 x_3、x_4 安排两次新的实验。

无论上述 3 种情况出现哪一种，在新的实验范围内都有两个实验点的实验结果，可以进行比较；仍然按照“留好去坏”原则，再去掉实验范围的一段或两段，这样反复做下去，直到找到满意的实验点，得到比较好的实验结果为止，或实验范围已很小，再做下去，实验结果差别不大，就可以停止实验。

例如，为降低水的浊度，需加入一种药剂，已知其最佳加入量在 1000mg 到 2000mg 之间的一点，现在要通过实验找到它。按照 0.618 法选点，先在实验范围的 0.618 处做第一个实验，这一点的加入量可由公式(1-3)计算出来。

$$x_1 = 1000 + 0.618 \times (2000 - 1000) = 1618(\text{mg})$$

再在实验范围的 0.382 处做第二个实验，药剂的加入量可由公式(1-4)计算出来，如图 1-7 所示。

$$x_2 = 1000 + 0.382 \times (2000 - 1000) = 1382(\text{mg})$$

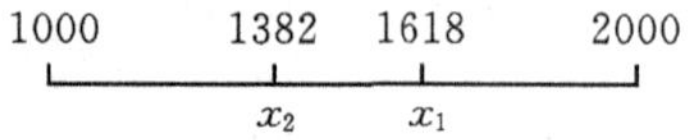

图 1-7　降低水的浊度第 1、2 次实验加药量

比较两次实验结果，如果点 x_1 比点 x_2 好，则去掉 1382mg 以下的部分，然后在留下部分再用公式(1-3)找出第三个实验点 x_3，在点 x_3 做第三次实验，这一点的加入量为 1764mg，如图 1-8 所示。

如果仍然是点 x_1 好，则去掉 1764 到 2000 这一段，在留下的部分按公式(1-4)计算得出第四实验点 x_4，在点 x_4 做第四次实验，这一点的加入量为 1528mg，如图 1-9 所示。

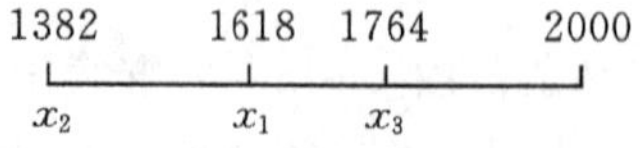

图 1-8　降低水的浊度第 3 次实验加药量

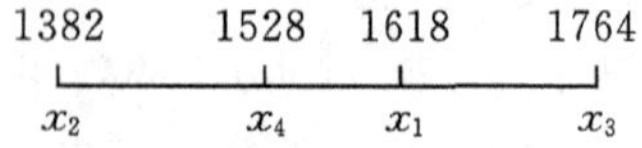

图 1-9　降低水的浊度第 4 次实验加药量

如果这一点比点 x_1 好，则去掉 1618 到 1764 这一段，在留下的部分按同样方法继续做下去，如此重复，最终即能得到最佳点。

总之，0.618 法简便易行，对每个实验范围都可以计算出两个实验点进行比较，好点留下。从坏点处把实验范围切开，丢掉短而不包括好点的一段，实验范围就缩小了。在新的实验范围内，再用公式(1-3)、公式(1-4)算出两个实验点，其中一个就是刚才留下的好点，另一个是新的实验点。应用此法每次可以去掉实验范围的 0.382，因此可以用较少的实验次数迅速找到最佳点。

1.2.3 分数法

1. 分数法的概念

分数法又称为斐波那契数列法，它是利用斐波那契数列进行单因素优化实验设计的一种方法。

斐波那契数列是满足下列关系的数列，即 F_n 在 $F_0=F_1=1$ 时符合下述递推式

$$F_n = F_{n-1} + F_{n-2} \ (n \geqslant 2) \tag{1-5}$$

即从第 3 项起，每一项都是它前面两项和，写出来就是

$$1,1,2,3,5,8,13,21,\cdots$$

相应的 F_n 为 $F_0, F_1, F_2, F_3, F_4, F_5, \cdots$

分数法也是适用于单峰函数的方法。它和 0.618 法不同之处在于要求预先给出实验总次数。在实验能取整数时，或由于某种条件限制只能做几次实验时，或由于某些原因，实验范围有一些不连续的、间隔不等的点组成或实验点只能取某些特定值时，利用分数法安排实验更为有利、方便。

2. 利用分数法进行单因素优化实验设计

设 $f(x)$ 是单峰函数，先分两种情况研究如何利用斐波那契数列来安排实验。

(1)所有可能进行的实验总次数 m 值，正好是某一个 F_n-1 值时，即可能的实验总次数 m 次，正好与斐波那契数列中的某数减 1 相一致时。

此时需要增加两个端点(虚点，不作实验)，中间实验点个数为 F_n-1，中间实验点与端点实验点个数之和为 F_n+1，这时前两个实验点分别放在实验范围的 F_{n-1} 和 F_{n-2} 的位置上，也就是现在斐波那契数列上的第 F_{n-1} 和 F_{n-2} 点上做实验，比较这两个实验结果，从坏点把实验范围切开，留下包括好点的那一段，实验范围就缩小了。

例如，通过某种污泥的消化实验确定其最佳投配率 P，实验范围为 2%～13%，以变化 1% 为一个实验点，则可能的实验总次数为 12 次，符合 $12=13-1=F_6-1$，即 $m=F_n-1$ 的关系，故第一个实验点为

$$F_{n-1} = F_5 = 8$$

即放在 8 处或者说放在第 8 个实验点处，如图 1-10 所示，投配率为 9%。

可能实验次序		1	2	3	4	5	6	7	8	9	10	11	12
F_n 数列	F_0 1	F_1 1	F_2 2	F_3 3		F_4 5			F_5 8				F_6 13
相应投配率(%)		2	3	4	5	6	7	8	9	10	11	12	13
实验次序		x_4	x_3	x_5		x_2		x_1					

图 1-10 分数法第一种情况实验安排

同理第二个实验点为

$$F_{n-2} = F_4 = 5$$

即第 5 个实验点，投配率为 6%。

实验后，比较两个不同投配率的结果，根据产气率、有机物的分解率，若污泥投配率 6%优于 9%，则根据“留好去坏”的原则，去掉 9%以上的部分(同理，若 9%优于 6%时，去掉 6%以下的部分)重新安排实验。

此时实验范围如图 1-10 中虚线左侧所示，可能实验总次数 $m = 7$，符合 $8 - 1 = 7$，根据 $m = F_n - 1$，$F_n = 8$，故 $n = 5$。第一个实验点为

$$F_{n-1} = F_4 = 5, P = 6\%$$

该点已实验，第二个实验点为

$$F_{n-2} = F_3 = 3, P = 4\%$$

或利用在该范围内与已有实验点的对称关系找出第 2 个实验点，如在 1~7 点内与第 5 点相对称的点为第 3 点，相对应的投配率 $P = 4\%$。

比较投配率为 4%和 6%两个实验的结果并按照上述步骤重复进行，如此进行下去，则对 可能的 $F_6 - 1 = 13 - 1 = 12$ 次实验，只要进行 $n - 1 = 6 - 1 = 5$ 次实验，就能找出最优点。

(2)可能的实验总次数 m，不符合上述关系，而是符合

$$F_{n-1} - 1 < m < F_n - 1$$

在此条件下，可在实验范围两端增加虚点，人为地使实验的个数变成 $F_n - 1$，使其符合第一种情况，而后安排实验。当实验被安排在增加的虚点上时，不要真正做实验，而应直接判定虚点的实验结果比其他实验点效果都差，实验继续做下去，即可得到最优点。

例如混凝沉淀中，要从 5 种投药量中，筛选出最佳投药量，利用分数法安排实验。

由斐波那契数列可知，

$$m = 5\ , F_n - 1 = F_5 - 1 = 8 - 1 = 7, F_{n-1} - 1 = F_4 - 1 = 5 - 1 = 4$$

$4 < m < 7$，符合 $F_{n-1} - 1 < m < F_n - 1$，故属于分数法的第二种情况。

首先要增加虚点，使其实验总次数达到 7 次，如图 1-11 所示。

可能实验次序		1	2	3	4	5	6	7
F_n 数列	F_0 1	F_1 1	F_2 2	F_3 3		F_4 5		F_5 8
相应投配率(%)		0	0.5	1.0	1.3	2.0	3.0	0
实验次序				x_2		x_1	x_3	

图 1-11　分数法第二种情况实验安排

第一个实验点为 $F_{n-1} = 5$，投药量为 2.0 mg/L，第 2 个实验点为 $F_{n-2} = 3$，投药量为 1.0 mg/L。经过比较后，投药量为 2.0 mg/L 时效果较理想，根据“留好去坏”的原则，舍掉 1.0 以下的实验点，由图 1-11 可知，第 3 个实验点应安排在实验范围4~8内的实验点 5 的对称实验点 6 处，即投药量为 3.0 mg/L。比较结果后投药量 3.0 mg/L 优于 2.0 mg/L 时，则舍掉 F_5点以

下数据，在 6～7 范围内根据对称点选取第 4 个实验点为虚点 7，其投药量为 0 mg/L，因此最佳投药量为 3.0mg/L。

1.3 多因素实验设计

多因素实验就是实验中需要考虑多个因素，而每个因素又要考虑多个水平的实验问题。

在科学实验和研究的过程中，遇到的问题往往都比较复杂，它们一般都包含了许多影响因素，每个因素又往往有多个水平，它们之间有可能互相交织、互相作用，情况错综复杂，要解决问题，往往需要做大量的实验。例如，某工业废水采用厌氧消化处理，经研究分析，决定考虑 3 个因素(如温度、时间、负荷率等)，而每个因素又可能有 4 种不同的水平(如消化时控制的温度可为 20℃、25℃、30℃、35℃等 4 个水平)，它们之间可能有 $4^3=64$ 种不同的组合，也就是可能要经过 64 次实验才能找出最佳的实验点。这样既耗时又耗资，有时甚至是不可能做到的。由此可见，多因素的实验存在着如下突出的矛盾：

①全面实验的次数与实际可行的实验次数之间的矛盾。

②实际所做的少数实验与要求掌握的事物内在规律之间的矛盾。

为解决第一个矛盾，就需要对实验进行合理的安排，挑选少数几个具有代表性的实验做：为解决第二个矛盾，就应当对所选定的几个实验的实验结果进行科学的分析。

如何合理地安排多因素实验，又如何对多因素实验结果进行科学分析，目前应用的方法较多。而正交实验设计就是处理多因素实验的一种科学方法。它能有助于实验者在实验前借助事先已制好的正交表科学地设计实验方案，从而挑选出少量有代表性的实验，实验后经过简单的表格运算，分清各个因素在实验中的主次作用并找到较好的运行方案，得到正确的分析结果。因此，正交实验设计在各个领域得到了广泛应用。

正交实验设计，就是利用事先制好的特殊表格正交表来安排多因素实验，并用统计方法进行数据分析的一种方法。它简便易行，而且计算表格化，并能较好地解决如上所述的多因素实验中存在的两个突出问题，对多因素问题的解决往往能起到事半功倍的效果。

1.用正交表安排多因素实验的步骤

(1)明确实验目的，确定评价指标。即根据水处理工程实际明确实验要解决的问题。同时，要结合工程实际选用能定量、定性表达的突出指标作为实验分析的评价指标，指标可能是一个或多个。

(2)挑选因素、水平，列出因素水平表。影响实验成果的因素很多，但是不可能对每个因素都进行考察，因此要根据已有的专业知识和相关文献资料以及实际情况，固定一些因素于最佳条件下。排除一些次要因素，挑选主要因素。例如，对于不可控因素，由于无法测出因素的数值，所以看不出不同水平的差别，也就无法判断出该因素的作用，因此不能将其列为被考察的因素。对于可控因素，应当挑选那些对指标可能影响较大，但又没有把握的因素来进行考察，特别是不能将重要因素固定而不加以考察。

(3)选择合适的正交表。常用的正交表有几十种，可以经过分析灵活运用，但一般要视因素及水平的数量、有无重点因素(需加以详细考察)、实验的工作量大小和允许的条件综合分析而定。实际安排实验时，挑选因素、水平和选用正交表等步骤往往是结合进行的。接着根据以上选择的因素及水平的取值和正交表，即可制定一张反映实验所需考察研究的因素和各因素的水平的因素水平表。

(4)确定实验方案，根据因素水平表及所选用的正交表，确定实验的方案。

①因素顺序上列：按照因素水平表固定下来的因素次序，按顺序放到正交表的纵列上，每列放一种。

②水平对号入座：因素顺序上列后，把相应的水平按因素水平表所确定的关系对号入座。

③确定实验条件：正交表在因素顺序上列、水平对号入座后，表中的每一横行即代表所要进行的实验的一种条件，横行数则代表实验的次数。

(5)按照正交表中每一横行所规定的条件进行实验。实验过程中，要严格操作。准确记录实验数据，分析整理出每组条件下的评价指标。

2. 实验结果的直观分析

通过实验获得大量的实验数据后，如何科学地分析这些数，从中得到正确的结论，是正交实验设计不可分割的一个组成部分。

正交实验设计的数据分析的目的就是要解决以下问题：哪些因素影响大；哪些因素影响小；因素的主次关系如何；各影响因素中，哪个水平能得到满意的结果，从而找出最佳生产运行条件。

下面以正交表 $L_4(2^3)$ 为例，即做 4 次实验考察 3 个因素 2 个水平的结果，其中各数字与符号 $L_n(f^m)$ 对应，如表 1-1 所示。

表 1-1　$L_4(2^3)$ 正交表直观分析

水平		列号			实验结果（评价指标）y_i
		1	2	3	
实验号	1	1	1	1	y_1
	2	1	2	2	y_2
	3	2	1	2	y_2
	4	2	2	1	y_2
K_1 K_2					
$\overline{K}_1$ $\overline{K}_2$					
$R=\overline{K}_1-\overline{K}_2$ 极差					

直观分析法的具体步骤如下：

(1)填写评价指标。

将每组实验的数据分析处理后，求出相应的评价指标值 y_i，并填入正交表的右栏实验结果内。

(2)计算各列(因素)的各水平效应值 K_{mf}、均值 $\overline{K}_{mf}$ 及极差 R_m 值。

K_{mf} 为各列中 f 号的水平相应指标值之和，$\overline{K}_{mf}$ 为各列中同一水平指标平均值，R_m 为各列中 $\overline{K}_{mf}$ 的极大与极小值之差。

(3)比较各因素的极差 R 值,根据其大小,即可排出因素的主次关系。这就从直观上很易理解,对实验结果影响大的因素一定是主要因素。所谓影响大,就是这个因素的不同水平所对应的指标间的差异大,相反,则是次要因素。

(4)比较同一因素下各种水平的效应值 $\overline{K}_{mf}$,能使指标达到满意的值(最大值或最小值)为较为理想的水平值。这样就可以确定最佳生产运行条件。

(5)做因素和指标的关系图,即以各因素的水平值为横坐标,各因素水平所对应的均值 $\overline{K}_{mf}$ 为纵坐标,在直角坐标系上绘图,可以直观地反映出在其他因素基本上是相同变化的条件下,该因素与指标的关系。

3. 正交实验分析举例

【例 1-1】针对某水库低浊度原水进行直接过滤正交试验,投加药剂为聚合氯化铝,考察的因素包括混合速度梯度 G 值、混合时间、滤速和投药量。按照三个水平进行实验,确定因素的主次顺序和最优工况。

解:实验设计中确定的因素和水平见表 1-2。

表 1-2　实验因素及水平表

水平	因素			
	混合速度梯度 G (s^{-1})	滤速 (m/h)	混合时间 (s)	投药量 (mg/L)
	A	B	C	D
水平 1	400	10	10	9
水平 2	500	8	20	7
水平 3	600	6	30	5

实验评价指标为滤后水浊度,浊度越低处理效果越好。

根据以上所选择的因素和水平,确定选用 $L_9(3^4)$ 正交表,如表 1-3 所示。

表 1-3　$L_9(3^4)$ 正交表

实验号	列号			
	1	2	3	4
1	1	1	1	1
2	1	2	2	2
3	1	3	3	3
4	2	1	2	3
5	2	2	3	1
6	2	3	1	2
7	3	1	3	2
8	3	2	1	3
9	3	3	2	1

本正交实验安排如表 1-4 所示。

表 1-4　实验计划表

实验号	混合速度梯度 G (s^{-1})	滤速 (m/h)	混合时间 (s)	投药量 (mg/L)
	A	B	C	D
1	A_1(400)	B_1(10)	C_1(10)	D_1(9)
2	A_1(400)	B_2(8)	C_2(20)	D_2(7)
3	A_1(400)	B_3(6)	C_3(30)	D_3(5)
4	A_2(500)	B_1(10)	C_2(20)	D_3(5)
5	A_2(500)	B_2(8)	C_3(30)	D_1(9)
6	A_2(500)	B_3(6)	C_1(10)	D_2(7)
7	A_3(600)	B_1(10)	C_3(30)	D_2(7)
8	A_3(600)	B_2(8)	C_1(10)	D_3(5)
9	A_3(600)	B_3(6)	C_2(20)	D_1(9)

实验结果及分析见表 1-5。

表 1-5　正交实验数据结果表

实验号	混合速度梯度 G (s^{-1})	滤速 (m/h)	混合时间 (s)	投药量 (mg/L)	滤后水平均浊度 (NTU)
1	A_1(400)	B_1(10)	C_1(10)	D_1(9)	1.5
2	A_1(400)	B_2(8)	C_2(20)	D_2(7)	1.6
3	A_1(400)	B_3(6)	C_3(30)	D_3(5)	1.7
4	A_2(500)	B_1(10)	C_2(20)	D_3(5)	1.8
5	A_2(500)	B_2(8)	C_3(30)	D_1(9)	0.9
6	A_2(500)	B_3(6)	C_1(10)	D_2(7)	1.3
7	A_3(600)	B_1(10)	C_3(30)	D_2(7)	1.3
8	A_3(600)	B_2(8)	C_1(10)	D_3(5)	1.7
9	A_3(600)	B_3(6)	C_2(20)	D_1(9)	0.7

把实验结果代入正交实验表中计算，结果如表 1-6 所示。

表 1-6　正交实验表

实验号	列号				数据 y
	A	B	C	D	
	1	2	3	4	
水平					
1	A_1(400)	B_1(10)	C_1(10)	D_1(9)	1.5
2	A_1(400)	B_2(8)	C_2(20)	D_2(7)	1.6
3	A_1(400)	B_3(6)	C_3(30)	D_3(5)	1.7

续表 1-6

实验号	列号				数据 y
	A	B	C	D	
	1	2	3	4	
4	A_2(500)	B_1(10)	C_2(20)	D_3(5)	1.8
5	A_2(500)	B_2(8)	C_3(30)	D_1(9)	0.9
6	A_2(500)	B_3(6)	C_1(10)	D_2(7)	1.3
7	A_3(600)	B_1(10)	C_3(30)	D_2(7)	1.3
8	A_3(600)	B_2(8)	C_1(10)	D_3(5)	1.7
9	A_3(600)	B_3(6)	C_2(20)	D_1(9)	0.7
K_1	4.8	4.6	4.5	3.1	
K_2	4.0	4.2	4.1	4.2	
K_3	3.7	3.7	3.9	5.2	
$\overline{K}_1$	1.60	1.53	1.50	1.03	
$\overline{K}_2$	1.33	1.40	1.37	1.40	
$\overline{K}_3$	1.23	1.23	1.30	1.73	
R	0.37	0.30	0.20	0.7	

计算各列的 K、$\overline{K}$ 和极差 R 值。如计算混合速度梯度 G 值这一列的因素时，各水平的 K 值如下：

第一个水平

$$K_1 = 1.5 + 1.6 + 1.7 = 4.8$$

第二个水平

$$K_2 = 1.8 + 0.9 + 1.3 = 4.0$$

第三个水平

$$K_3 = 1.3 + 1.7 + 0.7 = 3.7$$

其均值 $\overline{K}$ 分别为：

$$\overline{K}_1 = 4.8/3 = 1.60$$
$$\overline{K}_2 = 4.0/3 = 1.33$$
$$\overline{K}_3 = 3.7/3 = 1.23$$
$$R = 1.60 - 1.23 = 0.37$$

以此分别计算滤速、混合时间、加药量。

①因素重要性比较。

划分因素重要性的依据是极差。极差 R 的大小，反映了实验中各因素作用的大小。极差大，表明这个因素对指标的影响大，它的变化对结果影响很大；反之，极差 R 小，说明该因素是保守的，它的变化对结果影响小。

本实验中 $R_4=0.70>R_1=0.37>R_2=0.30>R_3=0.20$，因此，各因素对指标影响作用的大小依次为 D>A>B>C，即投药量、G 值、滤速、混合时间。

②确定最优的工艺条件。

由以上分析可知，各因素中较佳的水平组合条件为 $A_3B_3C_2D_1$，即 G 值 600s^{-1}、滤速 6m/h、混合 20s、加药 9mg/L 为最佳工况，滤后水平均浊度最低。

1.4 实验误差分析

水处理综合实验中，常常需要作一系列的测定，并取得大量的数据。实验表明，每项实验都有误差，同一项目的多次重复测量，结果总有差异，即实验值与真实值的差异。这是实验环境不理想、实验人员技术水平不高、实验设备的不完善造成的，实验中的误差可以不断减小，但是不可能做到没有误差。因此，决不能认为得到了实验数据就万事大吉。一方面，必须对所测对象进行分析研究，估计测试结果的可靠程度，并对取得的数据给予合理的解释；另一方面，还必须将所得数据加以整理归纳，用一定的方式表示出各数据之间的相互关系。前者为误差分析，后者为数据处理。

实验误差分析和数据处理构成了实验的重要组成部分，它们的作用如下：

①根据科学实验的目的，合理选择实验装置、仪器、条件和方法。

②正确处理实验数据，以便在一定条件下得到接近真实值的最佳结果。

③合理选定实验结果的误差，避免由于误差选取不当造成人力、物力的浪费。

④总结测定的结果，得到正确的实验结论，并通过必要的整理归纳（如绘制成曲线或得出经验公式），为理论的分析验证提供条件。

1.4.1 真实值与平均值

在实验过程中要做各种测试工作，但由于实验的仪器设备、实验方法、环境、实验人员的观察力等都不可能是尽善尽美的，因此无法获取真实值。如果对同一考察项目进行无限多次的测试，然后根据误差分布定律（如正、负误差出现的概率相等），可以求得各测试值的平均值。在无系统误差的情况下，该值为接近于真实值的数值。通常，实验的次数总是有限的，用有限测试次数求得的平均值只能是真实值的近似值。

常用的平均值有：算术平均值、均方根平均值、加权平均值、中位值及几何平均值等。计算平均值方法的选择，主要取决于一组观测值的分布类。

1. 算术平均值

算术平均值是最常用的一种平均值，当观测值呈正态分布时，算术平均值与真实值最接近。

设某实验进行 n 次观测，观测值分别为：$x_1, x_2, \cdots, x_n$，则算术平均值为

$$\bar{x} = \frac{x_1 + x_2 + \cdots + x_n}{n} = \frac{1}{n}\sum_{i=1}^{n} x_i \tag{1-6}$$

2. 均方根平均值

均方根平均值应用相对较少，其计算式为

$$\bar{x} = \sqrt{\frac{x_1^2 + x_2^2 + \cdots + x_n^2}{n}} = \sqrt{\frac{1}{n}\sum_{i=1}^{n} x_i^2} \tag{1-7}$$

3. 加权平均值

若对同一事物用不同方法测定或者不同人测定，计算平均值时常采用加权平均值。其计算式为

$$\overline{x} = \frac{w_1 x_1 + w_2 x_2 + \cdots + w_n x_n}{w_1 + w_2 + \cdots + w_n} = \frac{\sum_{i=1}^{n} w_i x_i}{\sum_{i=1}^{n} w_i} \tag{1-8}$$

其中，$w_1, w_2, \cdots, w_n$ 为与各观测值相对应的权重。各观测值的权重 w_i，可以是观测值的重复次数、观测值在总数中所占的比例或者根据经验确定。

【例 1-2】某实验小组对某河的水质进行了监测，河水的 BOD_5 监测结果如表 1-7 所示，试计算其平均浓度。

表 1-7 河水 BOD_5 浓度及出现次数

$x(BOD_5)$(mg/L)	140	150	160	170	180
出现次数	2	4	6	3	2

解：其平均浓度按式(1-8)计算，得

$$\overline{x} = \frac{140 \times 2 + 150 \times 4 + 160 \times 6 + 170 \times 3 + 180 \times 2}{2 + 4 + 6 + 3 + 2} = 159.4(\text{mg/L})$$

4. 中位值

中位值是指一组观测值按大小顺序排列的中间值。若观测次数为偶数，则中位值为正中两个值的平均值；若观测次数为奇数，则中位值为正中间的那个数值。中位值的最大优点是求法简单。只有当观测值的分布呈正态分布时，中位值才能代表一组观测值的中间趋向，近似于真实值。

5. 几何平均值

如果一组观测值是非正态分布，当对这组数据取对数后，所得图形的分布曲线更对称时，常用几何平均值。几何平均值是一组 n 个观测值连乘并开 n 次方求得的值，计算公式为

$$\overline{x} = \sqrt[n]{x_1 x_2 \cdots x_n} \tag{1-9}$$

也可用对数表示为

$$\lg\overline{x} = \frac{1}{n}\sum_{i=1}^{n} \lg x_i \tag{1-10}$$

【例 1-3】测得某工厂污水的CODcr 分别为 200、210、230、220、215、290、270 mg/L，试计算其平均浓度。

解：该厂污水的 CODcr 大部分在 200～230 mg/L 之间，少数数据的数值较大，此时采用几何平均值才能较好地代表这组数据的中心趋势。

其平均浓度为：

$$\overline{x} = \sqrt[7]{200 \times 210 \times 230 \times 220 \times 215 \times 290 \times 270} = 231.6(\text{mg/L})$$

1.4.2 误差与误差分类

1. 绝对误差与相对误差

观测值的准确度用误差来量度。个别观测值 x_i 与真实值 μ 之差称为个别观测值的误差，

即绝对误差，用公式表示为

$$E_i = x_i - \mu \tag{1-11}$$

误差 E_i 的数值越大，说明观测值 x_i 偏离真实值 μ 越远。若观测值大于真实值，说明存在正误差；反之，存在负误差。

实际上，对于一组观测值的准确度，通常用各个观测值 x_i 的平均值 $\overline{x} = \frac{1}{n}\sum_{i=1}^{n} x_i$ 来表示观测的结果。因此，绝对误差又可表示为：

$$E_i = \overline{x} - \mu \tag{1-12}$$

在实际应用中，由于真实值不易测得，因此常用观测值与平均值之差表示绝对误差。严格地说，观测值与平均值之差应称为偏差，但在工程实践中多称为误差。

只有绝对误差的概念是不够的，因为它没有同真实值联系起来。相对误差是绝对误差与真实值的比值，即

$$E_r = E/\mu \tag{1-13}$$

实际应用中，由于真实值 μ 不易测得，常用观测的平均值 $\overline{x} = \frac{1}{n}\sum_{i=1}^{n} x_i$ 代替真实值 μ。

相对误差用于不同观测结果的可靠性对比，常用百分数表示。

2. **系统误差、随机误差与过失误差**

(1)系统误差。

系统误差也可称为可测误差，是指在测定中由未发现或未确认的因素所引起的误差。这些因素使测定结果永远朝一个方向发生偏差，其大小及符号在同一实验中完全相同。产生系统误差的原因有以下几种：①仪器不良，如刻度不准、砝码未校正等；②环境的改变，如外界温度、压力的变化等；③个人的习惯和偏向，如读数偏高或偏低等。这类误差可以根据仪器的性能、环境条件或个人操作等加以校正克服，使之降低。

(2)随机误差。

随机误差也称为偶然误差，它是由难以控制的因素引起的误差。通常并不能确切地知道这些因素，也无法说明误差何时发生或不发生，它的出现纯粹是偶然的、独立的和随机的。但是，随机误差服从统计规律，可以通过增加实验的测定次数来减小，并用统计的方法对测定结果作出正确的表述。实验数据的精确度主要取决于随机误差。随机误差是由研究方案和研究条件总体所固有的一切因素引起的。

(3)过失误差。

除了上述的系统误差和随机误差，还有一类误差称为过失误差。过失误差是由于操作者工作的粗心大意、过度疲劳或操作不正确等因素引起的，是一种与事实明显不符的误差。这类误差无规律可循，但只要操作者加强责任心，提高操作水平，这类误差是可以避免的。

1.4.3 准确度与精密度

1. **准确度与精密度的关系**

准确度是指测定值与真实值的偏离的程度，它反映了系统误差和随机误差的大小，一般用相对误差表示。

精密度是指在控制条件下用一个均匀试样反复测量，所得数值之间的重复程度。它反映

了随机误差的大小，与系统误差无关。因此，测定观测数据的好坏，首先要考察精密度，然后考察准确度。

一般，实验结果的精密度很高，并不表明准确度也很高，这是因为即使有系统误差的存在，也不妨碍结果的精密度。

2.精密度的表示方法

若在某一条件下进行多次测式，其误差为 $\delta_1, \delta_2, \cdots, \delta_n$，因为单个误差可大可小，可正可负，无法表示该条件下的测试精密度，因此常采用极差、算术平均误差、标准误差等表示精密度的高低。

(1)极差。

极差又称误差范围，是指一组观测值 x_i 中的最大值与最小值之差，是用于描述实验数据分散程度的一种特征参数。其计算式为

$$R = x_{\max} - x_{\min} \tag{1-14}$$

极差的缺点是只与两极端数值有关，而与观测次数无关，用它反映精密度的高低比较粗糙，但其计算简便，在快速检验中可用以度量数据波动的大小。

(2)算术平均误差。

算术平均误差是观测值与平均值之差的绝对值的算术平均值，其计算式为

$$\delta = \frac{\sum_{i=1}^{n} |x_i - \overline{x}|}{n} \tag{1-15}$$

式中 δ——算术平均误差；

x_i——观测值；

$\overline{x}$——全部观测值的平均值；

n——观测次数。

例如，有一组观测值与平均值的偏差(即单个误差)为 4、3、−2、2、4，则其算术平均误差为

$$\delta = \frac{4+3+2+2+4}{5} = 3$$

算术平均误差的缺点是无法表示出各次测试间彼此符合的情况。因为，在一组测试中偏差彼此接近的情况下，与另一组测试中偏差有大、中、小三种的情况下，所得的算术平均误差可能基本相同。

(3)标准误差。

标准误差又称均方根误差或均方误差，各观测值 x_i 与平均值 $\overline{x}$ 之差的平方和的算术平均值的平方根称为标准误差。其计算公式为

$$d = \sqrt{\sum_{i=1}^{n} (x_i - \overline{x})^2} \tag{1-16}$$

式中 d——标准误差；

n——观测次数。

有时，在有限次观测中，标准误差的计算公式为

$$d = \sqrt{\frac{1}{n-1}\sum_{i=1}^{n} (x_i - \overline{x})^2} \tag{1-17}$$

由此可以看出,当观测值越接近平均值时,标准误差越小;当观测值和平均值相差越大时,标准误差越大。即标准误差对测试中的较大误差或较小误差比较灵敏,所以它可以较好地表示精密度,是表明实验数据分散程度的特征参数。

【例 1-4】已知两次测试的偏差分别为 4、3、−2、2、4 和 1、5、0、−3、−6,试计算其误差。

解:算术平均误差为

$$\delta_1=\frac{4+3+2+2+4}{5}=3$$

$$\delta_2=\frac{1+5+0+3+6}{5}=3$$

标准误差为

$$d_1=\sqrt{\frac{4^2+3^2+(-2)^2+2^2+4^2}{5}}=3.1$$

$$d_2=\sqrt{\frac{1^2+5^2+0^2+(-3)^2+(-6)^2}{5}}=3.8$$

上述结果表明,虽然第一组测试所得的偏差彼此比较接近,第二组测试的偏差较离散,但用算术平均误差表示时,两者所得结果相同。而标准误差能较好地反映出测试结果与真实值的离散程度。

1.5 实验数据处理

1.5.1 实验数据整理

实验数据整理,即根据误差分析理论对原始数据进行筛选,剔除极个别不合理的数据,保证原始数据的可靠性,以供下一步数据处理之用。

实验数据整理的目的在于:①分析实验数据的一些基本特点;②通过计算得到实验数据的基本统计特征;③利用计算所得到的一些参数,分析实验数据中可能存在的异常点,为实验数据取舍提供一定的依据。

1. 有效数字及其运算规则

每一个实验都要记录大量原始数据,并对它们进行分析运算。但这些直接测量的数据都是近似数,存在一定的误差,因此这就存在一个实验的数据应取几位数、运算后又应保留几位数的问题。

(1)有效数字。

准确测定的数字加上最后一位估读数字(又称可疑数字)所得到的数字称为有效数字,实验报告中的每一位数字除最后一位数可疑外,其余各位数字都不能带误差。若可疑数不止一位,其他一位或几位就应当剔除,剔除没有意义的位数时,应遵循一定的原则:

①当保留 n 位有效数字,若第 $n+1$ 位数字小于等于 4 就舍掉。

②当保留 n 位有效数字,若第 $n+1$ 位数字大于等于 6 时,则第 n 位数字进 1。

③当保留 n 位有效数字,若第 $n+1$ 位数字等于 5 且后面数字为 0 时,则第 n 位数字若为偶数时就舍掉后面的数字,若第 n 位数字为奇数时加 1;若第 $n+1$ 位数字等于 5 且后面还有不为 0 的任何数字时,无论第 n 位数字是奇数或是偶数都加 1。

以上称为“四舍六入五留双”。

如将下组数字保留一位小数，具体为：

45.77≈45.8；　43.03≈43.0；　0.26647≈0.3；　10.3500≈10.4；

38.25≈38.2；　47.15≈47.2；　25.6500≈25.6；　20.6512≈20.7。

实验中观测值的有效数字与仪器仪表的刻度有关，一般可根据实际可能估计到最小分度的1/10、1/5或1/2。例如，滴定管的最小刻度为0.1mL，则百分位上是观测值，故在读数时可读到百分位，也就是有效数字到百分位为止。

(2)有效数字的运算规则。

由于间接测量值是由直接测量值计算出来的，因而也存在有效数字的问题。有如下一些常用的规则。

①在加减运算中，运算后得到的数所保留的小数点后的位数，应与所给各数中小数点后位数最少的相同。

②在乘除运算中，运算后所得到的积或商的有效数字与参加运算各有效数字中位数最少的相同。

③在乘方、开方运算中，运算后的有效数字的位数与其底的有效数字的位数相同。

④在计算平均值时，如果四个数或超过四个数相平均，则平均值的有效数字位数可增加一位。

⑤计算有效数字时，如果首位有效数字是8或9，则有效数字位数要多计一位。

⑥计算有效数字时，由于公式中的某些系数不是由实验测得，计算中不考虑其位数。

⑦在对数运算中，对数尾数的有效位数应与真数的有效位数相同，如

$$\lg \underbrace{379}_{\text{真数}} = \underbrace{2}_{\text{首数}}.\underbrace{579}_{\text{尾数}}$$

2.实验数据的基本特点和几个重要的数字特征

(1)实验数据的基本特点。

对实验数据进行简单分析后，可以看出实验数据一般具有以下特点：

①实验数据总是以有限次数给出并具有一定的波动性。

②实验数据总是存在实验误差，且是综合性的，即随机误差、系统误差、过失误差同时存在于实验数据中。本书所研究的实验数据，认为是没有系统误差的数据。

③实验数据大都具有一定的统计规律性。

(2)几个重要的数字特征。

有几个有代表性的数用来描述随机变量 X 的基本统计特征，通常把这几个数称为随机变量 X 的数字特征。

实验数据的数字特征计算，就是由实验数据计算一些有代表性的特征量，用以浓缩、简化实验数据中的信息，使问题变得更加清晰、简单、易于理解和处理。本书给出分别用来描述实验数据取值的大致位置、分散程度和相关特征的几个数字特征参数。

①位置特征参数及其运算。

实验数据的位置特征参数，是用来描述实验数据取值的平均位置和特定位置的，常用的有均值、极值、中值和众值等。

a. 均值 $\overline{x}$。如由实验得到一批数据 $x_1, x_2, x_3, \cdots, x_n$，$n$ 为测试次数，则均值为

$$\overline{x} = \frac{1}{n}\sum_{i=1}^{n} x_i \qquad (1-18)$$

均值 $\overline{x}$ 计算简便，对于符合正态分布的数据，具有与真实值接近的优点。它是指示实验数据取值平均位置的特征参数。

b. 极值。极值是一组测试数据中的极大值与极小值。

极大值 $$a = \max\{x_1, x_2, \cdots, x_n\}$$

极小值 $$b = \min\{x_1, x_2, \cdots, x_n\}$$

c. 中值 X。中值是一组实验数据的中间测量值，其中一半实验数据小于此值，另一半实验数据大于此值。若测量次数为偶数，则中值为正中两个值的平均值。该值可以反映全部实验数据的平均水平。

d. 众值 N。众值是实验数据中出现最频繁的值，故也是最可能值，其值即为所求频率的极大值出现时的量。因此，众值不像上述几个位置特征参数那样可以迅速直接求得，而是应先求得频率分布再从中确定。

②分散特征参数及其计算。

分散特征参数是用来描述实验数据的分散程度的，常用的有极差、标准差、方差、变异系数等。

a. 极差 R。极差是一组实验数据极大值与极小值之差，是最简单的分散特征参数，可以反映数据波动的大小，其表达式为

$$R = \max\{x_1, x_2, \cdots, x_n\} - \min\{x_1, x_2, \cdots, x_n\} \qquad (1-19)$$

极差具有计算简便的特点，但由于它没有充分利用全部数据提供的信息，而是依赖个别的实验数据，故代表性较差，反映实际情况的精度较差。实际应用中，多用以均值 $\overline{x}$ 为中心的分散特征参数，如标准差、方差、变异系数等。

b. 方差和标准差。方差和标准差的表达式如下：

方差 $$\sigma^2 = \frac{1}{n-1}\sum_{i=1}^{n} (x_i - \overline{x})^2 \qquad (1-20)$$

标准差 $$\sigma = \sqrt{\frac{1}{n-1}\sum_{i=1}^{n} (x_i - \overline{x})^2} \qquad (1-21)$$

两者都是表明实验数据分散程度的特征参数。标准差又称为均方差，与实验数据单位一致，可以反映实验数据与均值之间的平均差距，这个差距越大，表明实验所取数据越分散，反之表明实验所取数据越集中。方差这一特征参数所取单位与实验数据单位不一致。由公式可以看出，标准差大则方差大，标准差小则方差小，所以方差同样可以表明实验数据取值的分散程度。

c. 变异系数 C_γ。变异系数的表达式为

$$C_\gamma = \frac{\sigma}{\overline{x}} \qquad (1-22)$$

变异系数可以反映数据相对波动的大小，尤其是对标准差相等的两组数据，$\overline{x}$ 大的一组数据相对波动小，$\overline{x}$ 小的一组数据相对波动大。而极差 R、标准差 σ 只反映数据的绝对波动大小，此时变异系数的应用就显得更重要。

③相关特征参数。

为了表示变量间可能存在的关系，常常采用相关特征参数，如线性相关系数等。它反映变量间存在的线性关系的强弱。

3. 实验数据中可疑数据的取舍

(1)可疑数据。

整理实验数据进行计算分析时，常会发现有个别测量值与其他值偏差很大，这些值有可能是由于随机误差造成的，也可能是由于过大误差或条件的改变而造成的。所以，在实验数据整理的整个过程中，控制实验数据的质量，消除不应该有的实验误差是非常重要的。但是对于这样一些特殊值的取舍一定要慎重，不能轻易舍弃，因为任何一个测量值都是测试结果的一个信息。通常，将个别偏差大的、不是来自同一分布总体的、对实验结果有明显影响的测量数据称为离群数据；而将可能影响实验结果，但尚未确定是离群数据的测量数据称为可疑数据。

(2)可疑数据的取舍。

舍掉可疑数据虽然会使实验结果精密度提高，但是可疑数据并非全都是离群数据，因为正常测定的实验数据总有一定的分散性，若不加分析，人为地全部删掉，则可能删去了离群数据，但也可能删去了一些误差较大的非错误的数据，由此得到的实验结果并不一定就符合客观实际。因此，可疑数据的取舍，必须遵循一定的原则。这项工作一般由一些具有丰富经验的专业人员进行。

实验中由于条件的改变、操作不当或其他人为原因产生离群数值，并有当时记录可供参考，没有肯定的理由证明它是离群数值，而从理论上分析，此点又明显反常时，可以根据偶然误差分布的规律，决定它的取舍。一般应根据不同的检验目的选择不同的检验方法，常用的方法有以下几种。

①用于一组测量值的离群数据的检验。

a. 3σ 法则。实验数据的总体是正态分布(一般实验数据多为此分布)时，先计算出数列标准误差，求其极限误差 $K_\sigma=3\sigma$，此时测量数据均落于 $\bar{x}\pm3\sigma$ 范围内的可能性为 99.7%。也就是说，落于此区间外的数据只有 0.3%的可能性，这在一般测量次数不多的实验中是不易出现的，若出现了这种情况则可认为是由于某种错误造成的。因此，这些特殊点的误差超过极限误差后，可以舍弃。一般把依此进行可疑数据取舍的方法称为 3σ 法则。

b. 肖维涅准则。实际工程中常根据肖维涅准则，利用表 1-8 决定可疑数据的取舍。表中 n 为测量次数，K 为系数，极限误差 $K_\sigma=K\sigma$，当可疑数据误差大于极限误差 K_σ 时，即可舍弃。

表 1-8 肖维涅准则系数 K

n	K	n	K	n	K
4	1.53	10	1.96	16	2.16
5	1.65	11	2.0	17	2.18
6	1.73	12	2.04	18	2.20
7	1.79	13	2.07	19	2.22
8	1.86	14	2.10	20	2.24
9	1.92	15	2.13		

②用于多组测量值均值的离群数据的检验。

常用的是克罗勃斯(Grubbs)检验法，具体步骤如下：

a. 计算统计量 T。将 m 组测定数据的均值按照大小顺序排列成 $\overline{x}_1, \overline{x}_2, \cdots, \overline{x}_{m-1}, \overline{x}_m$ 数列，其中，最大、最小均值记为 $\overline{x}_{\max}, \overline{x}_{\min}$，则此数列总均值 $\overline{\overline{x}}$ 和标准误差的计算公式为

$$\overline{\overline{x}} = \frac{1}{m}\sum_{i=1}^{m}\overline{x}_i \tag{1-23}$$

$$\sigma_i = \sqrt{\frac{1}{m}\sum_{i=1}^{m}(\overline{x}_i - \overline{\overline{x}})^2} \tag{1-24}$$

可疑数据为最大及最小均值时，统计量 T 的计算公式为

$$T = \frac{\overline{x}_{\max} - \overline{\overline{x}}}{\sigma_{\overline{x}}} \tag{1-25}$$

$$T = \frac{\overline{\overline{x}} - \overline{x}_{\min}}{\sigma_{\overline{x}}} \tag{1-26}$$

b. 查出临界值 T_σ。根据给定的显著水平 α 和测定的组数查表得 Grubbs 检验临界值 T。

c. 判断。若统计量 $T > T_{0.01}$，则可疑数据为离群数据，可舍掉，即舍去了与均值相应的一组数据；若 $T_{0.05} < T \leqslant T_{0.01}$，则 T 为偏离数据；若 $T \leqslant T_{0.05}$，则 T 为正常数据。

③用于多组测量值方差的离群数据的检验。

常用的是 Cochran 最大方差检验法。此法既可用于剔除多组测定中精度较差的一组数据，也可用于多组测定值的方差一致性检验(即等精度检验)。具体步骤如下：

a. 计算统计量 C。将 m 组测定数据的标准差按大小顺序排列成 $\sigma_1, \sigma_2, \sigma_3, \cdots, \sigma_m$ 的数列，最大值记为 $\sigma_{\max}$，则统计量 C 计算公式为

$$C = \frac{\sigma_{\max}^2}{\sum_{i=1}^{m}\sigma_i^2} \tag{1-27}$$

当每组仅测量两次时，统计量用极差公式计算，即

$$C = \frac{R_{\max}^2}{\sum_{i=1}^{m}R_i^2} \tag{1-28}$$

式中 R——每组的极差值；

$R_{\max}$——m 组极差中的最大值。

b. 查临界值 C_α。根据给定的显著水平 α 和测定组数 m、每组测定次数 n，由 Cochran 最大方差检验临界值 C_α 表查得 C_α 值。

c. 判断。若统 $C > C_{0.1}$，则可疑方差为离群方差，说明该组数据精密度过低，应予剔除。若 $C_{0.05} < C \leqslant C_{0.1}$，则可疑方差为偏离方差。若 $C \leqslant C_{0.05}$，则可疑方差为正常方差。

4. 实验数据整理举例分析

【例 1-5】在机械搅拌曝气清水无氧实验中，曝气充氧设备直径为 30 cm，搅拌装置叶轮直径为 10 cm。在水深 $H = 30$ cm，工作压力 $p=0.10$ MPa，搅拌叶轮转速 $R= 4000$ r/min 的情况下，共进行 10 组实验。每一组实验中同时可得几个氧的总转移系数值，求其平均值后，则可得 10 组实验 K_{La} 均值，并可求得 10 组标准差 σ_{n-1}。现将第 9 组的测定结果 $K_{La(20)}$ 及 $K_{La(20)}$ 均值和各组标准差，列于表 1-9 中。

表 1-9 曝气充氧实验数据整理结果

第9组的 $K_{La}(20)$		10组的均值		10组的 σ 值	
编号	$K_{La(20)}$ (L/min)	组号	$K_{La(20)}$ (L/min)	组号	$K_{La(20)}$ (L/min)
1	0.526	01	0.535	01	0.0062
2	0.523	02	0.551	02	0.0057
3	0.525	03	0.538	03	0.0046
4	0.528	04	0.521	04	0.0050
5	0.522	05	0.524	05	0.0052
6	0.537	06	0.536	06	0.0040
7	0.539	07	0.519	07	0.0056
8	0.533	08	0.534	08	0.0049
9	0.527	09	0.530	09	0.0053
10	0.534	10	0.542	10	0.0041

现对这些数据进行整理，判断是否有离群数据。

解：(1)首先判断每一组的 K_{La} 值是否有离群数据，否则应予剔除。

①按 3σ 法则判断。通过计算，第9组 K_{La} 的均方差 $\sigma=0.005$，极限误差 $K_{\sigma}=3\sigma=3\times0.005=0.015$，第9组 $K_{La(20)}$ 均值 $\overline{K}_{La(20)}=0.530$，则

$$\overline{K}_{La(20)}\pm3\sigma=0.530\pm0.015=0.515\sim0.545$$

由于第9组测得的值 0.522 ～ 0.539 均落于 0.515～0.545 范围内，故该组数据中，无离群数据。

②按肖维涅准则判断。由于测量次数 $n=10$，查表 1-8 得 $K=1.96$。

极限误差 $K\sigma=1.96\times0.005=0.010$。由均值 $\overline{K}_{La(20)}=0.530$，则该组数据中极大、极小值的误差为 $0.539-0.530=0.009<0.010$，$0.530-0.522=0.008<0.010$，故该组数据中无离群数据。

(2)利用 Gmbbs 法，检测10组测量均值是否有离群数据。

10组的均值按大小顺序排列为：0.519、0.521、0.524、0.530、0.534、0.535、0.536、0.538、0.542、0.551。

数列中，最大值、最小值分别为 $K_{La(20)\max}=0.551$、$K_{La(20)\min}=0.519$。数列的均值 $\overline{K}_{La(20)}=0.533$，标准差 $\sigma=0.009$。

当可疑数据为最大值时，其统计量为

$$T_{\max}=\frac{K_{La(20)\max}-\overline{K}_{La(20)}}{\sigma}=\frac{0.551-0.533}{0.009}=2.00$$

当可疑数据为最小值时，其统计量为

$$T_{\min}=\frac{\overline{K}_{La(20)}-K_{La(20)\min}}{\sigma}=\frac{0.533-0.519}{0.009}=1.56$$

由附录B查得，$m=10$，显著性水平 $\alpha=0.05$ 时，$T_{0.05}=2.176$。

由于

$$T_{\max}=2.00<2.176$$
$$T_{\min}=1.56<2.176$$

故所得10组的 $K_{La(20)}$ 均值均为正常值。

(3)利用 Cochran 法，检验 10 组测量值的标准差是否有离群数据。

10 组标准差按大小顺序排列为：0.0040、0.0041、0.0046、0.0049、0.0050、0.0052、0.0053、0.0056、0.0057、0.0062。

最大标准差 $\sigma_{max}=0.0062$，其统计量 C 为

$$C=\frac{\sigma_{max}^2}{\sum_{i=1}^{m}\sigma_i^2}$$

$$=\frac{0.0062^2}{0.0040^2+0.0041^2+0.0046^2+0.0049^2+0.0050^2+0.0052^2+0.0053^2+0.0056^2+0.0057^2+0.0062^2}$$

$$=0.148$$

根据显著性水平 $\alpha=0.05$，组数 $m=10$，假定每组测定次数 $n=6$，查得 $C_{0.05}=0.303$。由于 $C=0.148<0.303$，故 10 组标准差无离群数据。

1.5.2 实验数据处理

在对实验数据进行整理，剔除了错误数据之后，数据处理的目的就是充分使用实验所提供的这些信息，利用数理统计的知识，分析各个因素(变量)对实验结果的影响及其影响的主次关系；对数据进行整理归纳，并用图形、表格或经验公式加以表示，以找出各个变量之间的相互影响的规律，为得到正确的结论提供可靠的信息。

以下从方差分析和实验结果表示两个方面加以介绍。

1. ***方差分析***

方差分析是分析实验数据的一种方法，是通过数据分析搞清与实验研究有关的各个因素(可定量或定性表示的因素)对实验结果的影响及其影响的主次关系。下面介绍单因素方差分析和正交实验方差分析。

(1)单因素方差分析。

单因素方差分析，就是要通过数据分析，把因素变化所引起的实验结果间的差异与实验误差的波动所引起的实验结果间的差异区别开来，从而搞清因素对实验结果的影响。若因素变化所引起的实验结果的波动落在误差的范围内，或与误差相差不大，可以就此判断因素对实验结果无显著影响；若因素变化所引起实验结果的波动超过误差范围，可以就此判断因素对实验结果有显著的影响。所以用方差分析法来分析实验结果，其关键是要找出误差的范围，而数理统计中的 F 检验法正好可以解决这个问题。

为研究某一因素不同水平对实验结果有无显著的影响，设有 $A_1, A_2, \cdots, A_i, \cdots, A_b$ 个水平，在每个水平下进行 a 次实验，实验结果是 x_{ij}，x_{ij} 表示在 A_i 水平下进行的第 j 个实验。现在要通过对实验数据的分析，研究水平的变化对实验结果有无显著性影响。这实际上就是要研究一个单因素对实验结果有无影响以及影响程度大小的问题。

①常用的几个统计名词。

a. 水平平均值。该因素下某个水平实验数据的算术平均值，计算公式为：

$$\overline{x}_i=\frac{1}{a}\sum_{j=1}^{a}x_{ij}\qquad (i=1,2,\cdots,b)\tag{1-29}$$

b. 因素总平均值。该因素下各个水平实验数据的算术平均值，计算公式为：

$$\overline{x} = \frac{1}{n}\sum_{i=1}^{b}\sum_{j=1}^{a}x_{ij} \tag{1-30}$$

式中：$n=ab$。

c. 总偏差平方和与组内、组间偏差平方和。总偏差平方和是各个实验数据与它们总水平值之差的平方和，其计算公式为：

$$S_T = \sum_{i=1}^{b}\sum_{j=1}^{a}(x_{ij} - \overline{x})^2 \tag{1-31}$$

总偏差平方和反映了 n 个数据分散和集中的程度。若 S_T 大，说明这组数据非常分散；反之，则说明数据较为集中。造成总偏差的原因有两个，一个是由测试中误差的影响所造成的，表现为同一水平内实验数据的差异，以组内偏差平方和 S_E 表示；另一个是由实验过程中同一因素所处的不同水平的影响引起的，表现为不同实验数据均值之间的差异，以因素的组间偏差平方和 S_A 表示，所以有 $S_T=S_E+S_A$。

在工程技术上，为了便于计算和应用，常将总偏差平方和分解成组内偏差平方和与组间偏差平方和，通过比较判断因素影响的显著性。

先定义 P、Q、R：

$$P = \frac{1}{ab}\left(\sum_{i=1}^{b}\sum_{j=1}^{a}x_{ij}\right)^2 \tag{1-32}$$

$$Q = \frac{1}{a}\sum_{i=1}^{b}\left(\sum_{j=1}^{a}x_{ij}\right)^2 \tag{1-33}$$

$$R = \sum_{i=1}^{b}\sum_{j=1}^{a}x_{ij}^2 \tag{1-34}$$

组间偏差平方和的计算公式为：

$$S_A = Q - P \tag{1-35}$$

组内偏差平方和的计算公式为：

$$S_E = R - Q \tag{1-36}$$

所以，总偏差平方和的计算公式为：

$$S_T = S_E + S_A \tag{1-37}$$

d. 自由度。方差分析中，由于 S_T、S_E的计算是若干项的平方和，其大小与参加求和的项数有关，为了在分析中去掉项数的影响，故引入自由度的概念。自由度主要反映一组数据之中真正具有独立数据的个数。

总偏差平方和 S_T的自由度 f_T等于总实验次数减 1 的数值，其表达式为：

$$f_T = ab - 1 = n - 1 \tag{1-38}$$

组间偏差平方和 S_A的自由度 f_A等于水平数减 1 的数值，其表达式为：

$$f_A = b - 1 \tag{1-39}$$

组内偏差平方和 S_E的自由度 f_E为水平数与实验次数减 1 之积，其表达式为：

$$f_E = b(a - 1) \tag{1-40}$$

②单因素方差分析的步骤。

对于具有 b 个水平的单因素，每个水平下进行 a 次重复实验得到一组数据，其方差分析和计算步骤如下：

a. 列出单因素方差分析计算表，见表 1-10。

b. 计算统计量 S_A、S_E、S_T及相应的自由度。

c. 将统计量及自由度列入表内，并计算均方值和 F 值，见表 1-11。

F 值是因素水平对实验结果所造成的影响和由于误差所造成的影响的比值。F 值越大，说明因素变化对成果影响越显著；反之，则说明因素影响越小。因素影响的显著与否可以与相应的 F 分布表的临界值比较来判断。

d. 由附录 C 的 F 分布表，根据组间和组内自由度 $n_1=f_A=b-1$，$n_2=f_E=b(a-1)$与显著性水平 α，查出临界值 F_α。

e. 作出判断。如果 $F>F_\alpha$，则反映因素对实验结果在显著性水平下有显著性影响，是一个重要因素；如果 $F<F_\alpha$，则说明因素对实验结果在显著性水平 α 下无显著性影响，是一个次要因素。

在各种检验中，一般有 $\alpha=0.05$ 和 $\alpha=0.1$ 两个显著性水平，究竟选取哪个水平取决于问题的要求。一般情况下，在水平 $\alpha=0.05$ 下，当 $F<F_{0.05}$时，认为因素对实验结果影响不显著；当 $F_{0.05}\leqslant F\leqslant F_{0.1}$时，认为因素对实验结果影响显著；当 $F\geqslant F_{0.1}$时，认为因素对实验结果影响特别显著。

对于单因素各水平不等重复实验，或虽然是重复实验但由于数据整理中剔除了离群数据，或其他原因造成各水平的实验数据不等时，进行单因素方差分析，只要对 P、Q、R 的计算公式作出适当的修改即可，其他的步骤可以不变。如某因素水平为 $A_1, A_2, \cdots, A_i, \cdots, A_b$，相应的实验次数为 $n_1, n_2, \cdots, n_i, \cdots, n_b$，则有

$$P=\frac{1}{\sum_{i=1}^{b} n_i}\left(\sum_{i=1}^{b}\sum_{j=1}^{n_i} X_{ij}\right)^2 \tag{1-41}$$

表 1-10　单因素方差分析计算表

n	A_1	A_2	…	A_i	…	A_b	…
1	x_{11}	x_{12}	…	x_{1i}	…	x_{1b}	
2	x_{12}	x_{22}	…	x_{i2}	…	x_{b2}	
⋮	⋮	⋮		⋮		⋮	
j	x_{1j}	x_{2j}	…	x_{3j}	…	x_{4j}	
⋮	⋮	⋮	…	⋮	…	⋮	
a	x_{1a}	x_{2a}		x_{ia}		x_{ba}	
$\sum$	$\sum_{j=1}^{a} x_{1j}$	$\sum_{j=1}^{a} x_{2j}$	…	$\sum_{j=1}^{a} x_{ij}$	…	$\sum_{j=1}^{a} x_{bj}$	$\sum_{i=1}^{b}\sum_{j=1}^{a} x_{ij}$
$(\sum)^2$	$(\sum_{j=1}^{a} x_{1j})^2$	$(\sum_{j=1}^{a} x_{2j})^2$	…	$(\sum_{j=1}^{a} x_{ij})^2$	…	$(\sum_{j=1}^{a} x_{bj})^2$	$\sum_{i=1}^{b}(\sum_{j=1}^{a} x_{ij})^2$
$\sum^2$	$\sum_{j=1}^{a} x_{1j}^2$	$\sum_{j=1}^{a} x_{2j}^2$	…	$\sum_{j=1}^{a} x_{ij}^2$	…	$\sum_{j=1}^{a} x_{bj}^2$	$\sum_{i=1}^{b}\sum_{j=1}^{a} x_{ij}^2$

表 1-11 方差分析表

方差来源	偏差平方和	自由度	均 方	F 值
组间误差	S_A	$b-1$	$\bar{S}_A=\frac{S_A}{b-1}$	$F=\bar{S}_A/\bar{S}_E$
组内误差	S_E	$b(a-1)$	$\bar{S}_E=\frac{S_E}{b(a-1)}$	—
总和	S_T	$ab-1$	—	—

$$Q=\sum_{i=1}^{b}\frac{1}{n_i}\left(\sum_{j=1}^{n_i}X_{ij}\right)^2 \tag{1-42}$$

$$R=\sum_{i=1}^{b}\sum_{j=1}^{n_i}X_{ij}^2 \tag{1-43}$$

③单因素方差分析计算举例。

同一曝气设备在清水和污水中的充氧性能不同，为了能够根据污水生化需氧量正确计算出曝气设备在清水中所应供出的氧量，引入了曝气设备充氧修正系数 α、β 值，其值为

$$\alpha=K_{La(20)w}/K_{La(20)} \tag{1-44}$$

$$\beta=C_{sw}/C_s \tag{1-45}$$

式中 $K_{La(20)w}$、$K_{La(20)}$——在同一条件下，20℃同一曝气设备在清水与污水中的总氧转移系数(L/min)；

C_s、C_{sw}——清水、污水中同温度、同压力下氧饱和溶解浓度(mg/L)。

【例 1-6】用曝气设备向污水中曝气充氧时，影响 α 值的因素有很多，例如水质、水中有机物含量、风量、搅拌强度、曝气池内混合液污泥浓度等。若实验在其他因素固定，只改变混合液污泥浓度的条件下进行，实验数据见表 1-12。试对混合物污泥浓度这一因素对 α 值的影响进行单因素方差分析，并判断这一因素在显著性水平 $\alpha=0.05$ 下的显著性。

表 1-12 污泥浓度与 α 值的关系

污泥浓度 X (g/L)	$\bar{K}_{La(20)w}$(20℃) (L/min)			$\bar{K}_{La(20)w}$ (L/min)	α
1.45	0.2199	0.2377	0.2208	0.2261	0.958
2.52	0.2165	0.2325	0.2153	0.2214	0.938
3.80	0.2259	0.2097	0.2165	0.2174	0.921
4.50	0.2100	0.2134	0.2164	0.2133	0.904

解：具体分析步骤如下：

①根据表 1-10，得到方差分析计算表 1-13，计算清水的总氧转移系数为 $K_{La(20)}=0.2360$L/min。

表 1-13　污泥浓度影响显著性方差分析计算表

n	x				—
	1.45	2.52	3.80	4.50	
1	0.932	0.917	0.957	0.890	
2	1.007	0.985	0.889	0.904	
3	0.936	0.912	0.917	0.917	
$\sum$	2.875	2.814	2.763	2.711	11.163
$(\sum)^2$	8.266	7.919	7.634	7.350	31.169
$\sum^2$	2.759	2.643	2.547	2.450	10.399

注:表中结果为 α 值。

②计算统计量 S_A、S_E、S_T 及相应的自由度。

根据式(1-32)至式(1-37)得

$$P=\frac{1}{ab}\left(\sum_{i=1}^{b}\sum_{j=1}^{a}X_{ij}\right)^2=\frac{1}{3\times4}\times1.163^2=10.384$$

$$Q=\frac{1}{a}\sum_{i=1}^{b}\left(\sum_{j=1}^{a}X_{ij}\right)^2=\frac{1}{3}\times31.169=10.390$$

组间偏差平方和的计算公式:

$$S_A=Q-P=10.390-10.384=0.006$$

组内偏差平方和的计算公式:

$$S_E=R-Q=10.399-10.390=0.009$$

所以,总偏差平方和的计算公式为

$$S_T=S_E+S_A=0.006+0.009=0.015$$

对应的自由度根据式(1-38)至式(1-40)得

$$f_T=ab-1=3\times4-1=11$$

$$f_A=b-1=4-1=3$$

$$f_E=b(a-1)=4\times(3-1)=8$$

③根据表 1-11,列出表 1-14,计算 F 值。

表 1-14　污泥浓度影响显著性分析表

方差来源	偏差平方和	自由度	均方	F 值
污泥 S_A	0.006	3	$\bar{S}_A=\frac{S_A}{b-1}=0.002$	$F=\bar{S}_A/\bar{S}_E=0.002/0.0011=1.8182$
污泥 S_E	0.009	8	$\bar{S}_E=\frac{S_E}{b(a-1)}=0.0011$	
总和 S_T	0.015	11		

④查附录 C 中的 F 值分布表,根据给出的显著性水平 $\alpha=0.05$,$n_1=f_A=3$,$n_2=f_F=8$。查表得 $F_{0.05}=4.07$。因为 $F=1.82<F_{0.05}=4.07$,所以污泥浓度对 α 值有影响,但95%的置信度说明它不是一个显著影响因素。

(2)正交实验方差分析。

正交实验方差分析除了前面介绍过的直观分析法外,还有方差分析法。直观分析法简单直观,分析的计算量小,容易理解,但它因为缺乏误差分析,所以不能给出误差大小的估计。直观分析法有时难以得到确切的结论,也不能提供一个标准,用来考察判断因素影响是否显著。使用方差分析法,虽然计算量大了一些,但却可以克服以上的缺点,所以正交实验的方差分析法在科研工作中有着广泛的应用。

正交实验方差分析法与单因素分析法一样,关键问题也是把实验数据总的差异,也就是总偏差平方和分为两个部分。一部分反映因素水平变化引起的差异,即组间(各因素)偏差平方和;另一部分反映实验误差引起的差异,即组内偏差平方和。然后,计算它们的平均偏差平方和即均方和,进行各因素组间均方和与误差均方和的比较,所以方差分析与单因素方差分析也有所不同。

利用正交实验方差分析法进行多因素实验,由于实验因素、正交表的选择、实验条件、精度要求等有所不同,正交实验结果的方差分析也有所不同,一般常遇到的有以下几种类型:①正交表各列未饱和情况下的方差分析;②正交表各列饱和情况下的方差分析;③有重复实验的正交实验方差分析。

这三种正交实验方差分析的基本思想、计算步骤等均一样,关键的不同在于组内偏差平方和 S_E 的求解。以下通过实例来说明多因素正交实验的因素显著性检验。

①正交表各列未饱和情况下的方差分析。

在多因素正交实验设计中,当选择正交表的列数大于实验因素数目时,正交表中列未饱和,正交实验结果方差分析中经常会遇到此类问题。

因为进行正交表的方差分析时,组内偏差平方和 S_E 的处理非常重要,并且有很大的灵活性,因而在安排实验进行显著性检验时,所进行的正交实验的表头设计,应尽可能不把正交表的列占满,也就是留有空白列,此时各空白列的偏差平方和及自由度就分别代表了组内偏差平方和 S_E 和自由度 f_E。现举例说明正交表各列未饱和情况下方差分析的计算步骤。

【例 1-7】研究同坡底、同回流比、同水平投影面积下表面负荷及池型(斜板与矩形沉淀池)对回流污泥浓度性能的影响。指标以回流污泥浓度 x_R 与曝气池混合液(进入二沉池)的污泥浓度 x 之比来表示。x_R/x 大,则说明污泥在二沉池内浓缩性能好,在维持曝气池内的污泥浓度 x 不变的前提下,可以减少污泥回流量,从而减少运行费用。

解:该实验是一个二因素二水平的多因素实验,为了进行因素显著性分析,选择了 $L_4(2^3)$ 正交表,留有一空白项,用以计算 S_E。实验结果见表 1-15,具体计算与分析步骤如下:

①列表计算各因素不同水平的效应值 K 及指标之和,如表 1-15 所示。

②根据式(1-46)至式(1-53),求组间、组内偏差平方和。

统计量 P、Q_i 和 W 的计算公式为:

$$P = \frac{\left(\sum_{Z=1}^{n} y_Z\right)^2}{n} \tag{1-46}$$

$$Q_i = \frac{\sum_{j=1}^{b} K_{ij}^2}{a} \tag{1-47}$$

$$W = \sum_{Z=1}^{n} y_Z^2 \tag{1-48}$$

表 1-15　斜板、矩形沉淀池回流污泥性能实验 R=100%

实验号	因素			指标（x_R/x）
	水力负荷［$m^3/(m^2 \cdot h)$］	池型	空白	
1	0.45	斜	1	2.06
2	0.45	矩	2	2.20
3	0.60	斜	2	1.49
4	0.60	矩	1	2.04
K_1	4.26	3.55	4.10	$\sum = 7.79$
K_2	3.53	4.24	3.69	

组间偏差平方和：

$$S_i = Q_i - P \tag{1-49}$$

组内偏差平方和：

$$S_F = S_0 = Q_0 - P \tag{1-50}$$

$$S_F = S_T - \sum_{i=1}^{m} S_i \tag{1-51}$$

总偏差平方和：

$$S_T = W - P \tag{1-52}$$

$$S_T = \sum_{i=1}^{m} S_i + S_E \tag{1-53}$$

式中 n——实验总次数，即正交表中排列的总实验次数；

a——某因素下同水平的实验次数：

b——某因素下水平数；

m——因素的个数；

i——因素的代号；

S_0——空白列偏差平方和。

由以上的计算公式可知，组内偏差平方和有两种计算方法：一是由总偏差平方和减去各因素的偏差平方和，另一种是由正交表中空白列的偏差平方和作为误差平方和，这两种计算方法的实质是一样的，因为根据方差分析理论，$S_T = \sum_{i=1}^{m} S_i + S_E$，自由度 $f_T = \sum_{i=1}^{m} f_i + f_E$ 总是成立的。正交实验中，排有因素列的偏差就是该因素的偏差平方和，而没有排上因素（或交互作用）列的偏差（空白列的偏差），就是随机误差引起的偏差平方和，即 $S_E = \sum S_0$，而 $f_E = \sum f_0$，所以 $S_E = S_r - \sum S_i = \sum S_0$。

在本例中：

$$P = \frac{1}{n} \left(\sum_{Z=1}^{n} y_Z\right)^2 = \frac{1}{4} \times 7.79^2 = 15.17$$

$$Q_A = \frac{1}{a} \sum_{j=1}^{b} K_{Aj}^2 = \frac{1}{2} \times (4.26^2 + 3.53^2) = 15.30$$

$$Q_B = \frac{1}{a}\sum_{j=1}^{b} K_{Bj}^2 = \frac{1}{2}\times(3.55^2 + 4.24^2) = 15.29$$

$$Q_C = \frac{1}{a}\sum_{j=1}^{b} K_{Cj}^2 = \frac{1}{2}\times(4.10^2 + 3.69^2) = 15.22$$

$$W = \sum_{Z=1}^{n} y_Z^2 = 2.06^2 + 2.20^2 + 1.49^2 + 2.04^2 = 15.47$$

则

$$S_A = Q_A - P = 15.30 - 15.17 = 0.13$$
$$S_B = Q_B - P = 15.29 - 15.17 = 0.12$$
$$S_T = W - P = 15.47 - 15.17 = 0.30$$
$$S_E = S_T - \sum S_i = 0.30 - 0.13 - 0.12 = 0.05$$

③计算自由度。

总和自由度为实验总次数减1，即

$$f_T = n - 1 = 4 - 1 = 3$$

各因素自由度为水平数减去1，即 $f_i = b - 1$，所以有

$$f_A = 2 - 1 = 1$$
$$f_B = 2 - 1 = 1$$

误差自由度为：

$$f_E = f_T - \sum_{i=1}^{m} f_i = f_T - f_A - f_B = 3 - 1 - 1 = 1$$

④列出方差分析检验表，见表1－16。

表1－16　方差分析检验表

方差来源	偏差平方和	自由度	均方	F 值	$F_{0.05}$
因素A(水力负荷)	0.13	1	0.13	2.6	161.4
因素B(池型)	0.12	1	0.12	2.4	161.4
误差	0.05	1	0.05	—	—
总和	0.30	3	—	—	—

根据因素与误差的自由度，在显著性水平 $\alpha = 0.05$ 的情况下，查 F 分布表，得 $F < F_{0.05}$，所以该两因素均为非显著性因素。

②正交表各列饱和情况下的方差分析。

当正交表各列全被实验因素及要考虑的交互作用占满，也就是没有空白列时，此时方差分析中 $S_E = S_T - \sum_{i=1}^{m} S_i$，$f_E = f_T - \sum_{i=1}^{m} f_i$。因为无空白列，即 $S_E = S_T$，$f_E = f_T$，而出现 $S_E = 0$，$f_E = 0$，此时若一定要对实验数据进行方差分析，则只有用正交表中各因素偏差中几个最小的平方和来代替，同时，这几个因素不再作进一步的分析，或进行重复实验后，按有重复实验的方差分析法进行分析。以下用一个实际的例子来说明各列饱和情况下正交实验的方差分析。

【例1－8】 为了探讨制革硝化污泥的真空过滤脱水性能，确定设备过滤负荷与运行参数，

利用 $L_9(3^4)$进行叶片吸滤实验。实验结果见表 1-17，试利用方差分析判断影响因素的显著性。

解：具体计算步骤如下：

①列表计算各因素不同水平的水平效应值 K 及指标 y 值和，如表 1-17 所示。

②根据式(1-46)至式(1-53)，计算统计量与各项偏差平方和。

$$P=\frac{1}{n}\left(\sum_{Z=1}^{n}y_Z\right)^2=\frac{1}{9}\times 123.65^2=1698.81$$

$$Q_A=\frac{1}{a}\sum_{j=1}^{b}K_{Aj}^2=\frac{1}{3}\times(38.21^2+42.78^2+42.66^2)=1703.34$$

$$Q_B=\frac{1}{a}\sum_{j=1}^{b}K_{Bj}^2=\frac{1}{3}\times(50.44^2+39.21^2+34.00^2)=1745.87$$

$$Q_C=\frac{1}{a}\sum_{j=1}^{b}K_{Cj}^2=\frac{1}{3}\times(40.86^2+41.78^2+41.01^2)=1698.98$$

$$Q_D=\frac{1}{a}\sum_{j=1}^{b}K_{Dj}^2=\frac{1}{3}\times(39.23^2+41.38^2+43.04^2)=1701.25$$

表 1-17 叶片吸滤实验及结果

实验号	吸滤时间 t_i (min)	吸干时间 t_d (min)	滤布种类	真空柱(Pa)	过滤负荷 [kg/(m² · h)]
1	0.5	1.0	1	39 990	15.03
2	0.5	1.5	2	53 320	12.31
3	0.5	2.0	3	66 650	10.87
4	1.0	1.0	2	66 650	18.13
5	1.0	1.5	3	39 990	12.86
6	1.0	2.0	1	53 320	11.79
7	1.0	1.0	3	53 320	17.28
8	1.5	1.5	1	66 650	14.04
9	1.5	2.0	2	39 990	11.34
K_1	38.21	50.44	40.86	39.23	$\sum y=123.65$
K_2	42.78	39.21	41.78	41.38	
K_3	42.66	34.00	41.01	43.04	

注：滤布种类一列中，1—尼龙 6501-5226；2—涤纶小帆布；3—尼龙 6501-5236。

1 mmHg=133.322 Pa；39990 Pa = 300mmHg；53320 Pa = 400 mmHg；66650 Pa = 500 mmHg。

$$W=\sum_{Z=1}^{n}y_z^2=15.03^2+12.31^2+10.87^2+18.13^2+12.86^2+11.79^2+17.28^2+14.04^2+11.34^2$$
$$=1752.99$$

所以

$$S_A=Q_A-P=1703.34-1698.81=4.53$$

$$S_B = Q_B - P = 1745.87 - 1698.81 = 47.06$$
$$S_C = Q_C - P = 1698.98 - 1698.81 = 0.17$$
$$S_D = Q_D - P = 1701.25 - 1698.81 = 2.44$$

总偏差为

$$S_T = W - P = 1752.99 - 1698.81 = 54.18$$

而

$$S_r = S_A + S_B + S_C + S_D = 4.53 + 47.06 + 0.17 + 2.44 = 54.2$$

因此,正交实验各列均排满因素,其组内偏差平方和不能用 $S_E = S_T - \sum_{i=1}^{m} S_i$ 求得,此时只能将正交表因素偏差中几个小的偏差平方和代替组内偏差平方和,所以有

$$S_E = S_C + S_D = 0.17 + 2.44 = 2.61$$

③计算自由度。

$$f_A = f_B = 3 - 1 = 2$$
$$f_E = f_C + f_D = 2 + 2 = 4$$

④列出方差检验表,见表1-18。

表1-18 叶片吸滤实验方差分析检验表

方差来源	偏差平方和	自由度	均方	F值	$F_{0.05}$
因素A(吸滤时间)	4.53	2	2.27	3.49	19.00
因素B(吸干时间)	47.06	2	23.53	36.20	19.00
误差S_E	2.61	4	0.65	—	—
总和S_r	54.2	8	—	—	—

根据因素的自由度和误差的自由度,查附录C得 $F_{0.05}$,由于 $F_A < F_{0.05}$,$F_B > F_{0.05}$,所以因素A不是显著性因素,只有因素B是显著性因素。

③有重复实验的正交方差分析。

用正交表安排多因素实验方差分析,最好要进行重复实验。现实中,更多的情况是为了提高实验的精度,减少实验误差的干扰,也要进行重复实验。所谓重复实验,是真正地将实验内容重复做几次,而不是重复测量,也不是重复取样。

重复实验数据的方差分析,一种简单的方法就是把同一实验的重复实验数据取算术平均值,然后和没有进行重复实验的正交实验方差分析一样进行。这种方法虽然简单,但因为没有充分地利用重复实验所提供的信息,因此不是很常用。以下介绍一种常用的分析方法。

重复实验方差分析的基本思想和计算步骤与前面介绍的方法基本上一致,因为它与无重复实验的区别在于实验结果的数据多少不同,所以,两者在方差分析上也有所不同,其区别主要在以下几个方面:

a. 在列正交实验结果表与计算各因素不同水平的效应以及指标 y 时,将重复实验的结果(指标值)均列入结果栏内;计算各因素不同水平的效应 K 值时,是将相应的实验结果之和代入,个数为该水平重复数 a 与实验重复次数 c 的积;成果 y 之和为全部实验结果之和,个数为实验次数 n 与重复次数 c 之积。

b. 在求统计量与偏差平方和时,实验的总次数 n' 为实验次数 n 与重复实验次数 c 之积;某

因素下同水平实验次数 a' 为正交表中该水平出现次数 a 与重复实验次数 c 之积。

则统计量 P、Q、W 的计算按下式进行：

$$P = \frac{1}{nc}\left(\sum_{Z=1}^{n} y_Z\right)^2 \tag{1-54}$$

$$Q_i = \frac{1}{ac}\sum_{j=1}^{b} K_{ij}^2 \tag{1-55}$$

$$W = \frac{1}{c}\sum_{Z=1}^{n} y_Z^2 \tag{1-56}$$

c. 在重复实验时，实验误差 S_E 包括两个部分，S_{E1} 和 S_{E2}，则 $S_E = S_{E1} + S_{E2}$。

S_{E1} 为空列偏差平方和，本身包括有实验误差和模型误差两个部分。由于无重复实验中误差项是指此类误差，所以又称为第一类误差变动平方和，记为 S_{E1}。

S_{E2} 是反映重复实验造成的整个实验组内的变动平方和，它只反映实验误差的大小，所以又称为第二类误差变动平方和，记为 S_{E2}，其计算式为：

$$S_{E2} = \text{各成果数据平方和} - \frac{\text{同一实验条件下成果数据和的平方之和}}{\text{重复实验的次数}}$$

$$= \sum_{i=1}^{n}\sum_{j=1}^{c} y_{ij}^2 - \frac{\sum_{i=1}^{n}\left(\sum_{j=1}^{c} y_{ij}\right)^2}{c} \tag{1-57}$$

2. **实验结果表示方法**

水处理综合实验的目的，不仅要通过实验及对实验数据的分析，找出影响实验结果的因素、主次关系以及给出最佳的运行参数，而且还要找出这些变量间的关系。反映客观规律的变量间的关系可以用列表法、图示法或回归分析等方法实现。表示法的选择主要依靠经验，可以用其中的一种，也可以综合利用其中的两种或三种。

(1)列表法。

列表法是将一组实验数据中的自变量、因变量的各个数值依照一定的形式和顺序一一对应列出来，用以反映各变量间的关系的方法。列表法具有简单易行、形式紧凑、数据容易参考比较等优点，但是对客观规律的反映不如其他表示法明确，在理论分析上使用不太方便。

完整的表格包括表的序号、表题、表内项目的名称和单位、说明及数据来源等。

实验测得的数据，其自变量和因变量的变化，有时是不规则的，使用起来不方便。这时可以通过数据的分度，使表中所列的数据成为有规则的排列，即当自变量作等间距顺序变化时，因变量也随着顺序变化，这样的表格查阅较为方便。数据分度的方法有多种，较为简便的方法是先用原始数据(即为分度的数据)画图，作出一条光滑的曲线，然后在曲线上一一读出所需的数据(自变量作等间距顺序变化)，最后列出表格。

(2)图示法。

图示法适用于以下两种情况：①已知变量间的依赖关系，通过实验将取得数据作图，然后再求出相应的一些参数；②两个变量间的关系不清，将实验数据点绘于坐标纸上，用以分析、反映变量间的关系和规律。

图示法的优点在于形式简明直观，便于比较，容易显示出数据中最高点或最低点、转折点、周期性以及其他的特异性等。如果图形作得足够准确，可以不必知道变量间的数学关系，对变量求微分或积分后即可得到需要的结果。

图示法的图形绘制一般包括以下几个步骤：

①选择合适的坐标纸。常用的坐标纸有直角坐标纸、半对数坐标纸和双对数坐标纸，选择坐标纸时，应根据所研究变量间的关系和所要表达的图形形式，确定选用哪一种坐标纸，坐标纸不宜太密或太疏。

②坐标分度以及分度值标记。坐标分度是指在每个坐标轴上划分刻度数值的大小。进行坐标分度一般要注意以下几个问题：

a. 一般以 x 轴代表自变量，y 轴代表因变量。在坐标轴上应注明物理量和所用计量单位，分度的选择应使每一点在坐标纸上都能够迅速方便地找到。

b. 坐标原点不一定与变量零点一致，也可用低于实验数据中最低值的某一整数作起点，高于最高值的某一整数作终点。

c. 坐标分度应与实验精度一致，使图线显示其特点，划分得当，并和测量的有效数字位数相应。

d. 为了阅读方便，有时除了标记坐标纸上的主坐标线的分度值外，还在一细副主线上也标以数值。

e. 自变量和因变量的变化范围表现在坐标纸上的长度应相差不大，以尽可能使图线在图纸正中央，不偏于一角或一边为准。

③根据实验数据描点和作曲线。描点方法比较简单，把实验得到的自变量与因变量一一对应地点在坐标纸上即可。有几条图线时，应用不同的符号加以区别，并在空白处注明符号的意义，然后根据实验点的分布或连成一条直线或连成一条光滑的曲线。

作曲线有两种方法：①数据不够充分，图上的点数较少，不易确定自变量与因变量之间的对应关系，或者自变量与因变量间不一定呈函数关系时，最好是将各点用直线直接连接；②实验数据充分，图上点数足够多，自变量和因变量呈函数关系，则可作出光滑连续的曲线。

④注解说明。每一个图形上面应有图名，将图形的意义清楚准确地描写出来，紧接图形应有简要的说明，使读者能容易理解其意思。此外，还应该说明数据的来源，如实验者、实验地点、时间等。

(3)回归分析。

实验结果的变量关系虽然可列表或用图线表示，但是为理论分析讨论、计算方便，多用数学表达式反映，而回归分析正是用来分析、解决两个或多个变量间数量关系的一个有效工具。

①概述。

水处理综合实验中所遇到的变量关系也和其他学科中存在的变量关系一样，分为确定性关系和相关关系。

A. 确定性关系。确定性关系即函数关系，它反映事物之间严格的变化规律和依存性。例如：沉淀池表面积 F 与处理水量 Q、水力负荷 q 之间的依存关系，可以用一个不变的公式来确定，即 $F=Q/q$。在这些变量关系中，当一个变量值固定，只要知道一个变量，即可精确地计算出另一个变量值，这种变量都是非随机变量。

B. 相关关系。相关关系的特点是，对应于一个变量的某个取值，另一个变量以一定的规律分散在它们平均数的周围。例如，曝气设备在污水中充氧的修正系数α值与有机物 COD 之间的关系即相关关系，当取某种污水时，水中有机物 COD 为已定，曝气设备固定，此时可以有几个不同的α值出现，这是因为除了有机物这一影响α值的主要因素外，还有水温、风量(搅拌)

等影响因素，这些变量间虽存在着密切的关系，但是又不能由一个(或多个)变量的数值精确地求出另一个变量的值。这类变量的关系就是相关关系。

函数关系与相关关系并没有一条不可逾越的鸿沟，因为存在误差，函数关系在实际中往往以相关关系表现出来。反之，当对事物的内部规律了解更加深刻、更加准确时，相关关系也可转化为函数关系。

③回归分析的主要内容。

对于相关关系而言，虽然找不出变量间的确定性关系，但经过了多次的实验与分析，从大量的实验数据之中也可以找到内在规律性的东西。回归分析应用数学的方法，通过大量数据所提供的信息，经过去伪存真、由表及里的加工之后，找出事物之间的内在关系，给出(近似)定量表达式，从而可以利用该式去推算未知量。因此，回归分析的主要内容有以下两点：第一，以观测数据为依据，建立反映变量间相关关系的定量关系式(回归方程)，并确定关系式的可信度；第二，利用建立的回归方程，对客观过程进行分析、预测和控制。

③回归方程建立概述。

A. 回归方程或经验公式。根据两个变量 x 和 y 的 n 对实验数据 $(x_1,y_1),(x_2,y_2),\cdots,(x_n,y_n)$，通过回归分析建立一个确定的函数 $y=f(x)$ (近似的定量表达式)来大体描述这两个变量 y,x 间变化的相关规律。这个函数 $f(x)$ 即是 y 对 x 的回归方程，简称回归。因此，y 对 x 的回归方程 $f(x)$ 反映了当 x 固定在 x_0 值时 y 所取的平均值。

B. 回归方程的求解。求解回归方程的过程，实质上就是采用某一函数的曲线去逼近所有的观测数据，但不是通过所有的点，而是要求拟合误差达到最小，从而建立一个确定的函数关系。因此，回归过程一般分为两个步骤：

a. 选择函数 $y=f(x)$ 的类型，即 $f(x)$ 属于哪一类函数，是正比例函数 $y=kx$、线性函数 $y=a+bx$、指数函数 $y=ae^{kx}$，还是幂函数 $y=ax^b$ 或其他函数等，其中 k、a、b 等为公式中的系数。只有函数形式确定了，才能求出式中的系数，建立回归方程。

选择函数的类型时，首先应使其曲线最大限度地与实验点接近，此外，还要力求准确、简单明了、系数少。通常是将经过整理的实验数据在几种不同的坐标纸上作图(多用直角坐标纸)，形成的有关两变量变化关系的图形(称为散点图)，然后根据散点图所提供的变量间的有关信息来确定函数的关系。其步骤为：作散点图；根据专业知识、经验，并利用解析几何的知识判断图形的类型；确定函数形式。

b. 确定函数 $f(x)$ 中的参数。当函数类型确定后，可由实验数据来确定公式中的系数，除作图法求系数外，还有许多的方法，但其中最常见的是最小二乘法。

④几种主要回归分析类型。

由于变量数目、变量间内在规律的不同，因而由实验数据进行的回归分析也不尽相同，工程中常用的有以下几种：

A. 一元线性回归。

当两变量间的关系可用线性函数表达时，其回归即为一元线性回归。它是最简单的一类回归问题。

a. 求一元线性回归方程。

一元线性回归就是工程中经常碰到的配直线的问题，也就是说，如果变量 x 和 y 之间存在线性相关关系，就可以通过一组数据 $(x_i, y_i)(i=1,2,\cdots,n)$ 用最小二乘法求出 a、b 并建立

其回归直线方程 $y = a+bx$。

最小二乘法就是要求上述 n 个数据的绝对误差的平方和达到最小，即选择适当的 a 与 b 值，使

$$Q = \sum_{i=1}^{n} [y_i - Y_i]^2 = \sum_{i=1}^{n} [y_i - (a + bx_i)]^2 = \text{最小值} \tag{1-58}$$

式中 y_i——实测值；

Y_i——计算值。

以此求出 a、b 值，并建立方程。其中，b 称为回归系数，a 称为截距。

一元线性回归的计算步骤如下：

第一，将变量 x、y 的实验数据一一对应地填入表 1-19 中，并按照表中的要求进行计算。

表 1-19　一元线性回归计算表

序号	x_i	y_i	x_i^2	y_i^2	x_iy_i
$\sum$					
平均 $\sum/n$	$\overline{x}$	$\overline{y}$	—	—	$\sum(x_iy_i)/n$

第二，计算 L_{xy}、L_{xx}、L_{yy} 值，其公式如下：

$$L_{xy} = \sum_{i=1}^{n} x_iy_i - \frac{1}{n}\left(\sum_{i=1}^{n} x_i\right)\left(\sum_{i=1}^{n} y_i\right) \tag{1-59}$$

$$L_{xx} = \sum_{i=1}^{n} x_i^2 - \frac{1}{n}\left(\sum_{i=1}^{n} x_i\right)^2 \tag{1-60}$$

$$L_{yy} = \sum_{i=1}^{n} y_i^2 - \frac{1}{n}\left(\sum_{i=1}^{n} y_i\right)^2 \tag{1-61}$$

第三，计算 a，b 值并建立经验公式：

$$b = L_{xy}/L_{xx} \tag{1-62}$$

$$a = \overline{y} - b\overline{x} \tag{1-63}$$

$$y = a + bx \tag{1-64}$$

b. 计算相关系数。

用上述方法可以画出回归曲线，建立线性关系式，但是它是否真正反映出两个变量间的客观规律呢？尤其在对变量间的变化关系根本就不了解的情况下，而相关分析就是用来解决这类问题的一种数学方法。引出相关系数 r，用该值来判断建立的经验公式的正确性，其步骤如下：

第一，计算相关系数 r，其公式为：

$$r = \frac{L_{xy}}{\sqrt{L_{xx}L_{xy}}} \tag{1-65}$$

相关系数 r 的绝对值越接近于 1，两变量 x，y 之间的线性关系越好；若 r 接近于 0，则认为 x 与 y 之间没有线性关系，或者两者之间具有非线性关系。

第二，给出显著性水平 α，按 $n-2$ 的值，在附录 D 相关系数检验表中查出相应的临界值 r_0。

第三，判断。若$|r| \geq r_0$，两变量间存在线性关系，方程式成立，并称为 r 在水平 α 下显著。若 $|r| < r_0$，则两变量间不存在线性关系，并称 r 在水平 α 下不显著。

c. 回归方程的精度。

由于回归方程给出的是 x，y 两变量间的相关关系而不是确定性关系，因此对于一个固定的 $x = x_0$ 值，并不能精确得到相对应的 y_0 值，而是由方程得到的估计值 $y_0 = a + bx_0$，或者说，当 x 固定在 x_0 值时，y 取得平均值 y_0，那么用 y_0 作为 Y_0 的估计值时，偏差有多大，也就是用回归算得的结果精度如何呢？这就是回归线的精度问题。

虽然对于一个固定的 x_0 值所相应的 y_0 值无法确切得知，但相应 x_0 值实测的 y_0 值是按照一定的规律分布在 Y_0 上下，波动规律一般都认为呈正态分布的规律，也就是说 y_0 是具有某正态分布的随机变量。因此，如果能算出波动的标准离差，也就可以估计出回归线的精度。

第一，计算标准离差（剩余标准离差或剩余偏差 σ），其公式为：

$$\sigma = \sqrt{\frac{Q}{n-2}} = \sqrt{\frac{(1-r^2)L_{yy}}{n-2}} \tag{1-66}$$

第二，由正态分布的性质可以得知，Y_0 落在$Y_0 \pm \sigma$范围内的概率约为 68.3%；Y_0 落在 $Y_0 \pm 2\sigma$ 范围内的概率约为 95.4%；落在 $Y_0 \pm 3\sigma$ 范围内的概率约为 99.7%。

也就是说，对于任何一个固定的 $x = x_0$ 值，都有 95.4%的把握断言其值落在（$Y_0 - 2\sigma$，$Y_0 + 2\sigma$）范围之中。

显然，σ 越小，回归方程的精度越高，所以可用 σ 测量回归方程精度值。

B. 可化为一元线性回归的非线性回归。

两变量间的关系虽然为非线性，但是经过变量替换，函数可化为一元线性关系的，则可用第一类线性回归加以解决，此为可化为一元线性回归的非线性回归。

在实际的一些问题中，有时两个变量之间的关系并不是线性关系，而是某种曲线关系，这就需要用曲线作回归线。对于曲线类型的选择，在理论上并无依据，只能根据散点图所提供的信息，并根据专业知识与经验和解析几何知识，选择既简单而计算结果与实测值又比较接近的曲线，用这些已知曲线的函数近似地作为变量间的回归方程式。而这些已知的关系式，有些只要通过简单的变换，就可以变成线性形式，这样这些非线性问题就可以作线性回归问题来处理。

例如，当随机变量 y 随着 x 渐增而越来越急剧地增大时，变量间的曲线关系就可近似用指数函数 $y = ab^x$ 拟合，其回归过程是只要把函数两侧取对数，$y = ab^x$ 就变成了 $\lg y = \lg a + x\lg b$，从而化成 $y' = A + Bx'$ 的线性关系，只要用线性回归方法，即可求得 A、B 值，进而求得变量间的关系。

下面列举一些常用的、通过坐标变换可转化为直线的函数图形，供选择曲线时参考。

a. 双曲线函数 $1/y = a + b/x$（见图 1-12）。

令 $y' = 1/y$，$x' = 1/x$，则有 $y' = a + bx'$。曲线有两条渐近线 $x = -b/a$ 和 $y = 1/a$。

b. 幂函数 $y = dx^b$（见图 1-13）。

令 $y' = \ln y$，$x' = \ln x$，$a = \ln d$，则有 $y' = a + bx'$。

c. 指数函数 $y = de^{bx}$（见图 1-14）。

令 $y' = \ln y$，$a = \ln d$，则有 $y' = a + bx$，曲线经过点$(0,d)$。

d. 指数函数 $y = de^{b/x}$（见图 1-15）。

令 $y' = \ln y$，$a = \ln d$，$x' = 1/x$，则有 $y' = a + bx'$。

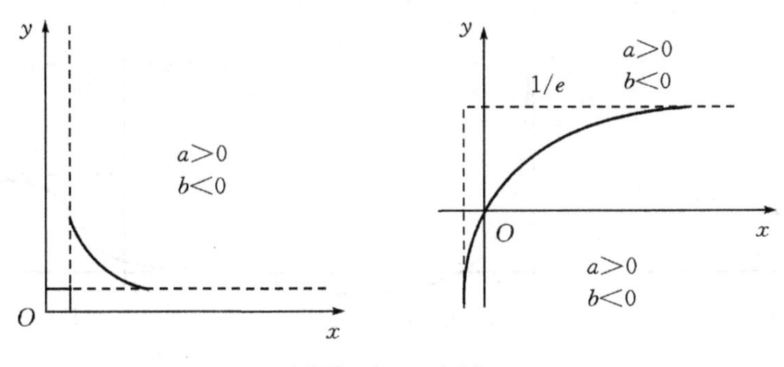

双曲线 $1/y=a+b/x$

图 1-12 双曲线函数

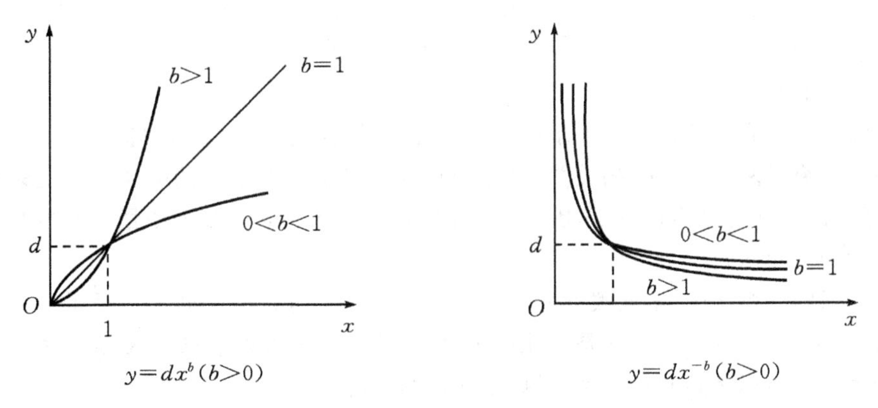

$y=dx^{b}(b>0)$ $y=dx^{-b}(b>0)$

图 1-13 幂函数

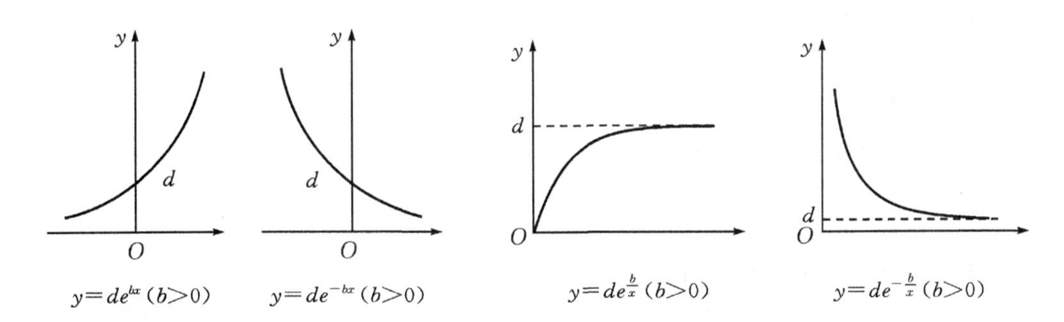

$y=de^{bx}(b>0)$ $y=de^{-bx}(b>0)$ $y=de^{\frac{b}{x}}(b>0)$ $y=de^{-\frac{b}{x}}(b>0)$

图 1-14 指数函数(1) 图 1-15 指数函数(2)

e. 对数函数 $y=a+b\lg x$（见图 1-16）。

令 $x'=\lg x$，则有 $y=a+bx'$。

⑥S 形曲线函数 $y=1/(a+be^{-x})$（见图 1-17）。

令 $y'=1/y$，$x'=e^{-x}$，则有 $y=a+bx'$。

如果散点图所反映出的变量 x 与 y 之间的关系和两个函数类型都有些近似，即一下子无法确定选择哪种曲线形式好，哪种更能客观地反映出其基本规律，则可以都做回归并按式(1-67)、式(1-68)计算绝对误差平方和，再与剩余标准差 σ 比较，选择 Q 或 σ 值最小的函数类型。

$$Q=\sum_{i=1}^{n}(y_i-\hat{y}_i)^2 \tag{1-67}$$

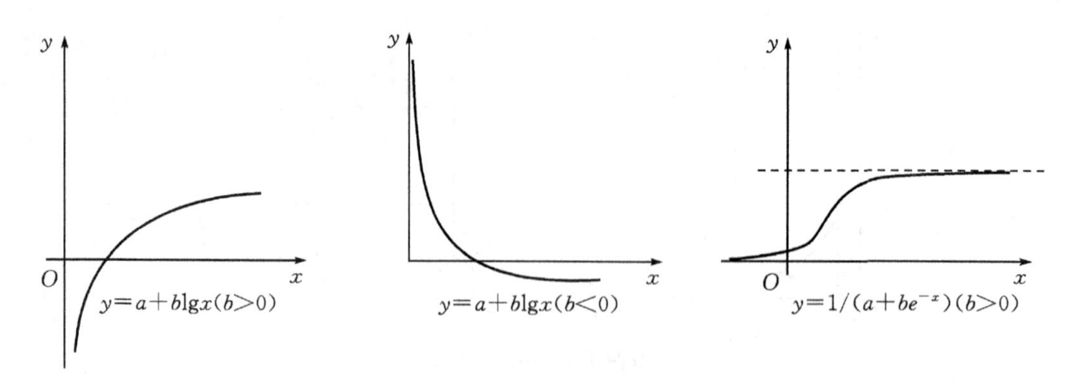

图 1-16　对数函数　　　图 1-17　S形曲线函数

$$\sigma = \sqrt{\frac{1}{n-2}\sum_{i=1}^{n}(y_i - \hat{y}_i)^2} \tag{1-68}$$

C. 多元线性回归。

多元线性回归研究的是变量大于两个，相互间呈线性关系的回归问题。

在前面研究了两个变量间相关关系的回归问题，但是客观事物的变化往往受多种因素的影响，要考察的独立变量不止一个，因此，人们把研究某个变量与多个变量之间的相关关系的统计方法称为多元回归。

在多元回归分析之中，多元线性回归是比较简单并且也是应用较为广泛的一种方法。在工程实践中，为了简便起见，往往是变化两个因素，让其他因素处于稳定状态，也就是只研究变化的两个因素与指标之间的相关关系，即二元回归问题。

a. 求二元线性回归方程。

二元线性回归方程的数学表达式为：

$$y = a + b_1 x_1 + b_2 x_2 \tag{1-69}$$

式中 y——因变量；

x_1、x_2——两个独立的自变量；

b_1、b_2——回归系数；

a——常数项。

二元线性回归方程的计算步骤如下：

第一，将变量 x_1、x_2 与 y 的实验数据一一对应填于表 1-20 中，并按照要求计算。

表 1-20　二元线性回归计算表

序号	x_{1i}	x_{2i}	y_i	x_{1i}^2	x_{2i}^2	y_i^2	$x_{1i}x_{2i}$	$x_{1i}y_i$	$x_{2i}y_i$
1									
2									
⋮	⋮	⋮	⋮	⋮	⋮	⋮	⋮	⋮	⋮
n									
Σ									
Σ/n									

第二，利用上表的结果并根据公式计算出 L_{00}、L_{11}、L_{22}、L_{12}、L_{10}、L_{20}。

$$L_{00}=\sum_{i=1}^{n}y_i^2-\frac{1}{n}\left(\sum_{i=1}^{n}y_i^2\right)^2 \tag{1-70}$$

$$L_{11}=\sum_{i=1}^{n}x_{1i}^2-\frac{1}{n}\left(\sum_{i=1}^{n}x_{1i}^2\right)^2 \tag{1-71}$$

$$L_{22}=\sum_{i=1}^{n}x_{2i}^2-\frac{1}{n}\left(\sum_{i=1}^{n}x_{2i}^2\right)^2 \tag{1-72}$$

$$L_{12}=\sum_{i=1}^{n}x_{1i}x_{2i}-\frac{1}{n}\left(\sum_{i=1}^{n}x_{1i}\right)\left(\sum_{i=1}^{n}x_{2i}\right) \tag{1-73}$$

$$L_{10}=\sum_{i=1}^{n}x_{1i}y_i-\frac{1}{n}\left(\sum_{i=1}^{n}x_{1i}\right)\left(\sum_{i=1}^{n}y_i\right) \tag{1-74}$$

$$L_{20}=\sum_{i=1}^{n}x_{2i}y_i-\frac{1}{n}\left(\sum_{i=1}^{n}x_{2i}\right)\left(\sum_{i=1}^{n}y_i\right) \tag{1-75}$$

第三，建立方程组并求解回归常数 b_1、b_2，计算公式如下：

$$L_{11}b_1+L_{12}b_2=L_{10} \tag{1-76}$$

$$L_{21}b_1+L_{22}b_2=L_{20} \tag{1-77}$$

第四，求解常数项 a，其计算公式为：

$$a=\overline{y}-b_1\overline{x}_1-b_2\overline{x}_2 \tag{1-78}$$

其中，$\overline{y}=\frac{1}{n}\sum_{i=1}^{n}y_i$，$\overline{x}_1=\frac{1}{n}\sum_{i=1}^{n}x_{1i}$，$\overline{x}_2=\frac{1}{n}\sum_{i=1}^{n}x_{2i}$。

由 a、b_1、b_2 建立的方程式为：

$$y=a+b_1x_1+b_2x_2 \tag{1-79}$$

b. 计算二元线性回归的全相关系数 R。

以上建立的二元线性回归方程，是否反映客观规律，除了靠实验检验外，与一元线性回归一样，也可以从数学角度来衡量，即引入全相关系数 R，其计算表达式为：

$$R=\sqrt{\frac{S_0}{L_{00}}} \tag{1-80}$$

式中：S_0 为回归平方和，表示由于自变量 x_1 和 x_2 的变化而引起的因变量 y 的变化，$S_0=b_1L_{10}+b_2L_{20}$。

其中，$0\leqslant R\leqslant 1$，R 越接近于 1，方程越理想。

c. 二元线性回归方程的精度。

与一元线性回归方程一样，精度也是由剩余标准差 σ 来衡量，其计算表达式为

$$\sigma=\sqrt{\frac{L_{00}-S_0}{n-m-1}} \tag{1-81}$$

式中 n——实验次数；

m——自变量的个数。

d. 实验因素对实验结果影响的判断。

二元线性回归是研究两个因素的变化对实验结果的影响，但在两个影响因素（变量）间，总会有主次之分，如何判断哪个是主要因素，哪个是次要因素，哪个因素对实验结果的影响可以忽略不计？除了利用双因素方差分析方法之外，还可以用以下方法进行比较分析。

第一，标准回归系数绝对值的比较。

标准回归系数的计算公式为：

$$b_1' = b_1\sqrt{\frac{L_{11}}{L_{00}}} \tag{1-82}$$

$$b_2' = b_2\sqrt{\frac{L_{22}}{L_{00}}} \tag{1-83}$$

比较$|b_1'|$和$|b_2'|$的大小，哪个值大，哪个即为主要影响因素。

第二，偏回归平方和的比较。

变量 y 对于某个特定的自变量 x_1 的偏回归平方和 P_1，是指在回归方程中除去这个自变量而使回归平方和减小的数值，计算式为：

$$P_1 = b_1^2\left(L_{11} - \frac{L_{12}^2}{L_{11}^2}\right) \tag{1-84}$$

$$P_2 = b_2^2\left(L_{22} - \frac{L_{12}^2}{L_{11}^2}\right) \tag{1-85}$$

比较 P_1、P_2 值的大小，大者为主要因素，小者为次要因素。次要因素对 y 值的影响有时候可以忽略。如果可以忽略，则在回归计算中可以不再计入此变量，从而使问题变得简单，便于进行回归。

第三，T 值判断法。

下式中的 T_i 称为自变量 x_i 的 T 值：

$$T_i = \sqrt{\frac{P_i}{\sigma}} \tag{1-86}$$

其中，$P_i(i=1,2)$由式(1-84)、式(1-85)求得；二元回归剩余偏差 σ 由式(1-81)求得。

T 值越大，该因素越重要，一般由经验公式求得。当 $T<1$ 时，该因素对结果的影响不大；当 $1\leqslant T\leqslant 2$ 时，该因素对结果有一定的影响；当 $T>2$ 时，该因素为重要因素。

(4)线性回归计算举例。

①一元线性回归计算举例。

在完全混合式活性污泥法曝气池中，每天产生的剩余污泥量 ΔX 与污泥负荷 N_s 之间存在的关系为：

$$\frac{\Delta X}{VX} = aN_s - b \tag{1-87}$$

式中 ΔX——每天产生的剩余污泥量，kg/d；

V——曝气池容积，m^3；

X——曝气池内混合液污泥浓度，kg/m^3；

N_s——污泥的有机负荷，kg/(kg·d)；

a——产率系数，即降解每千克 BOD_5 转换成的污泥的质量，kg/kg；

b——污泥自身的氧化率，kg/(kg·d)。

a、b 均为待定数值。

通过实验，曝气池的容积 $V=10m^3$，池内污泥浓度 $X=3g/L$，实验数据如表 1-21 所示，试进行回归分析。

表 1-21 实验结果

N_s[kg/(kg·d)]	0.20	0.21	0.25	0.30	0.35	0.40	0.50
ΔX(kg/d)	0.45	0.61	1.50	2.40	3.15	3.90	6.00
$\frac{\Delta X}{VX}$(1/d)	0.015	0.0203	0.05	0.08	0.105	0.13	0.2

A. 根据给出的实验数据，求出 $\frac{\Delta X}{VX}$，并以此为纵坐标，以 N_s 为横坐标作散点图(见图 1-18)。

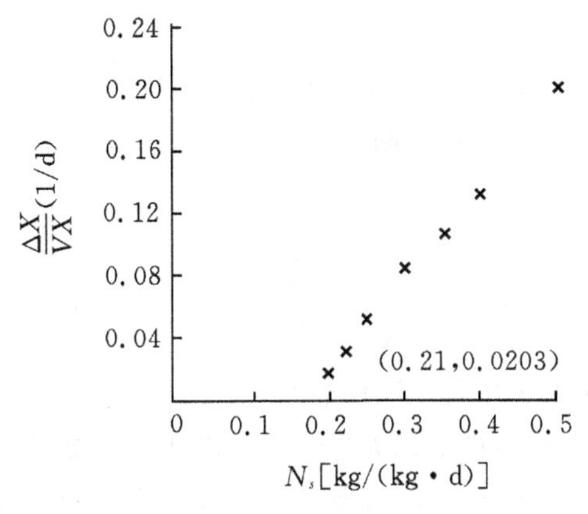

图 1-18 $\Delta X/(VX)$-N_s 散点图

由图可知，$\Delta X/(VX)$与 N_s 基本上呈线性关系。

B. 列表计算各值(见表 1-22)。

C. 计算统计量 L_{xy}、L_{xx}、L_{yy}。

$$L_{xy} = \sum_{i=1}^{n} x_i y_i - \frac{1}{n}\left(\sum_{i=1}^{n} x_i\right)\left(\sum_{i=1}^{n} y_i\right) = 0.2325 - \frac{1}{7} \times 2.21 \times 0.600 = 0.0431$$

$$L_{xx} = \sum_{i=1}^{n} x_i^2 - \frac{1}{n}\left(\sum_{i=1}^{n} x_i\right)^2 = 0.77 - \frac{1}{7} \times 2.21^2 = 0.072$$

$$L_{yy} = \sum_{i=1}^{n} y_i^2 - \frac{1}{n}\left(\sum_{i=1}^{n} y_i\right)^2 = 0.774 - \frac{1}{7} \times 0.600^2 = 0.026$$

表 1-22 一元线性回归计算表

	N_s [kg/(kg·d)]	$\Delta X/VX$ (1/d)	N_s^2	ΔX $(VX)^2$	$N_s \cdot \Delta X/(VX)$
1	0.20	0.015	0.040	0.0002	0.0030
2	0.21	0.020	0.044	0.0004	0.0042
3	0.25	0.050	0.063	0.0025	0.0125
4	0.30	0.080	0.090	0.0064	0.0240
5	0.35	0.105	0.123	0.0110	0.0368
6	0.40	0.130	0.160	0.0169	0.0520
7	0.50	0.200	0.250	0.0400	0.1000
Σ	2.21	0.600	0.770	0.0774	0.2325
Σ/n	0.316	0.086	0.110	0.0111	0.0332

D. 求系数 a、b 的值，其公式为：

$$a=\frac{L_{xy}}{L_{xx}}=\frac{0.0431}{0.072}=0.6$$

$$b=\overline{y}-a\overline{x}=0.086-0.6\times0.316=0.104$$

则回归方程为：

$$\frac{\Delta X}{VX}=0.6N_s-0.104$$

E. 相关系数及检验。

$$r=\frac{L_{xy}}{\sqrt{L_{xx}L_{yy}}}=\frac{0.0431}{\sqrt{0.072\times0.026}}=0.996$$

根据 $n-2=7-2=5$ 和 $\alpha=0.01$，查附录 D 可得 $r_{0.01}=0.874$。因为 $0.996>0.874$，故上述线性关系成立。

F. 计算公式精度。

$$\sigma=\sqrt{\frac{(1-r^2)L_{xy}}{n-2}}=\sqrt{\frac{(1-0.996^2)\times0.431}{5}}=0.0083$$

②化为一元线性回归的非线性回归计算举例。

经实验研究，影响曝气设备污水中充氧系数 α 值的主要因素为污水中有机物含量以及曝气设备的类型。现用穿孔管曝气设备，测得城市生活污水中不同的有机物 COD(x)与 α 值(y)的一组相应数值如表 1-23 所示，试求出 α-COD 回归方程。

表 1-23　穿孔管曝气设备测得城市污水 α-COD 实验数据

COD(mg/L)	α	COD(mg/L)	α	COD(mg/L)	α
208.0	0.698	90.4	1.003	293.5	0593
58.4	1.178	288.0	0.565	66.0	0.791
288.3	0.667	68.0	0.752	136.5	0.865
249.5	0.593	136.0	0.847	—	—

A. 作散点图。在直角坐标纸上，以有机物 COD 为横坐标，α 值为纵坐标，将相应的(COD，α)值点绘于坐标纸中，得出 α-COD 分布散点图(见图 1-19)。

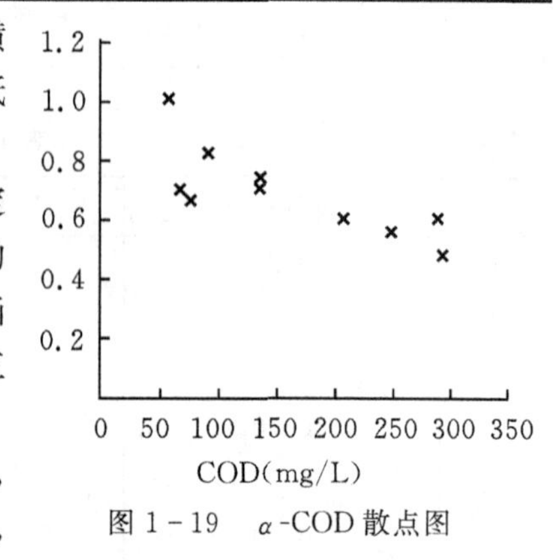

图 1-19　α-COD 散点图

B. 选择函数类型。根据得到的散点图，首先可以肯定 COD-α 间肯定不是线性关系。由图可见，α 值随 COD 的增加急剧减小，而后逐渐减小，曲线类型与双曲线、幂函数、指数函数类似。为了得出较好的关系式，可以用这三种函数回归，比较它们的精度，最后确定回归方程。

方案一：假定 COD-α 间的关系符合幂函数 $y=dx^b$，x 表示 COD，y 表示 α 值。令 $y'=\lg y$，$x'=\lg x$，$a=\lg d$，则有 $y'=a+bx'$。

列表计算，见表 1-24，并计算 L_{xy}、L_{xx}、L_{yy}。

$$L_{xy}=\sum_{i=1}^{n}x'_iy'_i-\frac{1}{n}(\sum_{i=1}^{n}x'_i)(\sum_{i=1}^{n}y'_i)=-3.084-\frac{1}{11}\times 23.746\times(-1.323)=-0.228$$

$$L_{xx}=\sum_{i=1}^{n}x'^2_i-\frac{1}{n}(\sum_{i=1}^{n}x'_i)^2=52.037-\frac{1}{11}\times 23.746^2=0.776$$

$$L_{yy}=\sum_{i=1}^{n}y'^2_i-\frac{1}{n}(\sum_{i=1}^{n}y'_i)^2=0.260-\frac{1}{11}\times(-1.323)^2=0.101$$

计算 a、b 的值并建立方程：

$$b=\frac{L_{xy}}{L_{xx}}=\frac{-0.228}{0.776}=-0.294$$

$$a=\overline{y}'-b\overline{x}'=-0.12-(-0.294\times 2.159)=0.515$$

$$y'=0.515-0.294x'$$

即

$$y=3.27x^{-0.294}$$

计算剩余偏差 σ 见表 1-25。

表 1-24 幂函数计算表

序号	$x'=\lg x$	$y'=\lg y$	x'^2	y'^2	$x'y'$
1	2.318	−0.156	5.373	0.024	−0.362
2	1.766	0.071	3.119	0.005	0.125
3	2.460	−0.176	6.052	0.031	−0.433
4	2.397	−0.227	5.746	0.052	−0.544
5	1.956	0.001	3.286	0.000	0.002
6	2.459	−0.248	6.047	0.062	−0.610
7	1.833	−0.124	3.360	0.015	−0.227
8	2.134	−0.072	4.554	0.005	−0.154
9	2.468	−0.227	6.091	0.052	−0.560
10	1.820	−0.102	3.312	0.010	−0.186
11	2.135	−0.063	4.558	0.004	−0.135
$\sum$	23.746	−1.323	52.037	0.260	−3.084
$\sum/n$	2.159	−0.120	4.731	0.024	−0.280

表 1-25 剩余偏差计算表(一)

x	y	$\hat{y}$	$\hat{y}-y$	x	y	$\hat{y}$	$\hat{y}-y$
208.0	0.698	0.681	−0.017	68.0	0.752	0.946	0.194
58.4	1.178	0.989	−0.189	136.0	0.847	0.771	−0.076
288.3	0.667	0.619	−0.048	293.5	0.593	0.615	0.022
249.5	0.593	0.645	0.052	66.0	0.791	0.954	0.163
90.4	1.003	0.870	−0.133	136.5	0.865	0.771	−0.094
288.0	0.565	0.619	0.054				

因

$$\sum_{i=1}^{n}(\hat{y}_i - y_i)^2 = 0.141$$

故

$$\sigma = \sqrt{\frac{\sum_{i=1}^{n}(\hat{y}_i - y_i)^2}{n-2}} = \sqrt{\frac{0.141}{9}} = 0.125$$

方案二：假定 COD-α 关系符合指数函数 $y = de^{b/x}$，x 表示 COD，y 表示 α 值。令 $y' = \ln y$，$a = \ln d$，$x' = 1/x$，有 $\ln y = \ln d + b/x$，即有 $y' = a + bx'$。

列表计算，见表 1－26，并计算 L_{xy}、L_{xx}、L_{yy}。

表 1－26　指数函数计算表

序号	$x' = 1/x$	$y' = \ln y$	x'^2	y'^2	$x'y'$
1	0.0048	−0.360	0.000023	0.1296	−0.00173
2	0.0171	0.164	0.000292	0.0269	0.00280
3	0.0035	−0.405	0.000012	0.1640	−0.00142
4	0.0040	−0.523	0.000016	0.2735	−0.00209
5	0.0111	0.003	0.000123	0.0000	0.00003
6	0.0035	−0.571	0.000012	0.3260	−0.00199
7	0.0147	−0.285	0.000216	0.0812	−0.00419
8	0.0074	−0.166	0.000055	0.0276	−0.00123
9	0.0034	−0.523	0.000012	0.2735	−0.00178
10	0.0152	−0.234	0.000231	0.0548	−0.00356
11	0.0073	−0.145	0.000053	0.0210	−0.00106
Σ	0.0920	−3.045	0.001045	1.3781	−0.01623
Σ/n	0.0084	−0.277	0.000095	0.1253	−0.00148

$$L_{xy} = \sum_{i=1}^{n} x'_i y'_i - \frac{1}{n}\left(\sum_{i=1}^{n} x'_i\right)\left(\sum_{i=1}^{n} y'_i\right) = -0.01623 - \frac{1}{11} \times 0.092 \times (-3.045) = -0.0092$$

$$L_{xx} = \sum_{i=1}^{n} x'^2_i - \frac{1}{n}\left(\sum_{i=1}^{n} x'_i\right)^2 = 0.001045 - \frac{1}{11} \times 0.092^2 = 0.000276$$

$$L_{yy} = \sum_{i=1}^{n} y'^2_i - \frac{1}{n}\left(\sum_{i=1}^{n} y'_i\right)^2 = 1.3781 - \frac{1}{11} \times (-3.045)^2 = 0.535$$

计算 a、b 的值并建立方程：

$$b = \frac{L_{xy}}{L_{xx}} = \frac{0.0092}{0.000276} = 33.3$$

$$a = \overline{y}' - b\overline{x}' = -0.277 - 33.3 \times 0.0084 = -0.557$$

$$y' = -0.557 - 33.3x'$$

即

$$y = 0.557e^{33.3/x}$$

计算剩余偏差 σ,见表 1-27。

因

$$\sum_{i=1}^{n}(\hat{y}_i - y_i)^2 = 0.171$$

表 1-27 剩余偏差计算表(二)

x	y	$\hat{y}$	$\hat{y}-y$	x	y	$\hat{y}$	$\hat{y}-y$
208.0	0.698	0.654	−0.044	68.0	0.752	0.909	0.157
58.4	1.178	0.985	−0.193	136.0	0.847	0.712	−0.135
288.3	0.667	0.625	−0.042	293.5	0.593	0.624	0.031
249.5	0.593	0.637	0.044	66.0	0.791	0.923	0.132
90.4	1.003	0.805	−0.198	136.5	0.865	0.711	−0.154
288.0	0.565	0.625	0.060				

故

$$\sigma = \sqrt{\frac{\sum_{i=1}^{n}(\hat{y}_i - y_i)^2}{n-2}} = \sqrt{\frac{0.171}{9}} = 0.138$$

方案三:假定 COD-α 关系符合双曲线函数 $1/y = a + b/x$,x 表示 COD,y 表示 α 值。令 $y' = 1/y$,$x' = 1/x$,则有 $y' = a + bx'$ 。

列表计算,见表 1-28,并计算 L_{xy}、L_{xx}、L_{yy} 。

$$L_{xy} = \sum_{i=1}^{n}x'_i y'_i - \frac{1}{n}\left(\sum_{i=1}^{n}x'_i\right)\left(\sum_{i=1}^{n}y'_i\right) = -0.1122 - \frac{1}{11}\times 0.092 \times 14.851 = -0.012$$

$$L_{xx} = \sum_{i=1}^{n}x'^2_i - \frac{1}{n}\left(\sum_{i=1}^{n}x'_i\right)^2 = 0.001045 - \frac{1}{11}\times 0.092^2 = 0.00028$$

$$L_{yy} = \sum_{i=1}^{n}y'^2_i - \frac{1}{n}\left(\sum_{i=1}^{n}y'_i\right)^2 = 20.93 - \frac{1}{11}\times (14.851)^2 = 0.8798$$

计算 a、b 的值并建立方程:

$$b = \frac{L_{xy}}{L_{xx}} = \frac{-0.012}{0.00028} = -42.86$$

$$a = \overline{y}' - b\overline{x}' = 1.35 - (-42.86 \times 0.0084) = 1.71$$

$$y' = 1.71 - 42.86x'$$

即

$$y = 1/(1.71 - 42.86/x)$$

计算剩余偏差 σ,见表 1-29。

表 1-28　双曲线函数计算表

序号	$x' = 1/x$	$y' = 1/y$	x'^2	y'^2	$x'y'$
1	0.0048	1.433	0.000023	2.053	0.0069
2	0.0171	0.849	0.000292	0.721	0.0145
3	0.0035	1.499	0.000012	2.248	0.0052
4	0.0040	1.686	0.000016	2.844	0.0067
5	0.0111	0.997	0.000123	0.994	0.0111
6	0.0035	1.770	0.000012	3.133	0.0062
7	0.0147	1.330	0.000216	1.768	0.0196
8	0.0074	1.181	0.000055	1.394	0.0087
9	0.0034	1.686	0.000012	2.844	0.0057
10	0.0152	1.264	0.000231	1.598	0.0192
11	0.0073	1.156	0.000053	1.336	0.0084
Σ	0.0920	14.851	0.001045	20.93	0.1122
Σ/n	0.0084	1.350	0.000 095	1.903	0.010 2

表 1-29　剩余偏差计算表(三)

x	y	$\hat{y}$	$\hat{y}-y$	x	y	$\hat{y}$	$\hat{y}-y$
208.0	0.698	0.665	−0.033	68.0	0.752	0.927	0.175
58.4	1.178	1.025	−0.153	136.0	0.847	0.717	−0.130
288.3	0.667	0.641	−0.026	293.5	0.593	0.639	0.046
249.5	0.593	0.650	0.057	66.0	0.791	0.943	0.152
90.4	1.003	0.809	−0.194	136.5	0.865	0.716	−0.149
288.0	0.565	0.641	0.076				

因

$$\sum_{i=1}^{n}(\hat{y}_i - y_i)^2 = 0.167$$

故

$$\sigma = \sqrt{\frac{\sum_{i=1}^{n}(\hat{y}_i - y_i)^2}{n-2}} = \sqrt{\frac{0.167}{9}} = 0.136$$

C. 剩余偏差结果的比较，见表 1-30。

表 1-30 剩余偏差比较表

函数类型	幂函数	指数函数	双曲线函数
σ	0.125	0.138	0.136
2σ	0.250	0.276	0.272

由表 1-30 可见，幂函数的 $\sigma=0.125$ 最小，故选用幂函数关系式。城市污水 α-COD 关系式为 $y=3.27x^{-0.294}$，此式 95%以上的误差落在 $2\sigma=0.25$ 范围之内。

第2章 水分析化学实验基础知识

2.1 水分析化学实验用水

纯水是分析工作中用量最大的试剂，水的纯度直接影响分析结果的可靠性。水分析化学实验使用纯水，一般是蒸馏水或去离子水。有的实验要求用二次蒸馏水或更高规格的纯水（如电分析化学、液相色谱等的实验）。纯水并非绝对不含杂质，只是杂质含量极微而已。分析化学实验用水的级别及主要技术指标，见表2-1。

表2-1 分析化学实验室用水的级别及主要技术指标①

指标名称	一级	二级	三级
pH值范围(25℃)	②	②	5.0～7.5
电导率(25℃)/$ms \cdot m^{-1}$(≤)	0.01	0.10	0.50
可氧化物质(以(O)计)/$mg \cdot L^{-1}$(<)	③	0.08	0.40
蒸发残渣(105±2℃)/$mg \cdot L^{-1}$(≤)	③	1.0	2.0
吸光度(254nm,1cm光程)(≤)	0.001	0.01	—
可溶性硅(以(SiO_2)计)/$mg \cdot L^{-1}$(≤)	0.01	0.02	—

注：① 摘自《中国实验室用水国家标准》(GB 6682—2008)；

②在一级、二级纯度的水中，难于测定真实的pH值，因此对其pH值的范围不作规定；

③在一级水中，难于测定其可氧化物质和蒸发残渣，故也不作规定。

2.1.1 蒸馏水

通过蒸馏方法除去水中非挥发性杂质而得到的纯水称为蒸馏水。同是蒸馏所得纯水，其中含有的杂质种类和含量也不同。用玻璃蒸馏器蒸馏所得的水含有Na^+和SiO_3^{2-}等离子，而用铜蒸馏器所制得的纯水则可能含有Cu^{2+}离子。

2.1.2 去离子水

利用离子交换剂去除水中的阳离子和阴离子杂质所得的纯水，称之为离子交换水或去离子水。未进行处理的去离子水可能含有微生物和有机物杂质，使用时应注意。

2.1.3 纯水质量的检验

纯水的质量检验指标很多，分析化学实验室主要对实验用水的电阻率、酸碱度、钙镁离子、氯离子的含量等进行检测。

(1)电阻率：选用适合测定纯水的电导率仪（最小量程为0.02 ms/cm）测定（见表2-1）。

(2)酸碱度:要求 pH 值为 6～7。检验方法如下:

①简易法:取 2 支试管,各加待测水样 10mL,其中一支加入 2 滴甲基红指示剂应不显红色;另一支试管加 5 滴 0.1% 溴麝香草酚蓝(溴百里酚蓝)不显蓝色为符合要求。

②仪器法:用酸度计测量与大气相平衡的纯水的 pH 值,在 6～7 为合格。

(3)钙镁离子:取 50mL 待测水样,加入 pH=10 的氨水—氯化铵缓冲液 1mL 和少许铬黑T(EBT)指示剂,不显红色(应显纯蓝色)。

(4)氯离子:取 10mL 待测水样,用 2 滴 1mol/L HNO_3酸化,然后加入 2 滴 10 g/L $AgNO_3$溶液,摇匀后不浑浊为符合要求。

化学分析法中,除络合滴定必须用去离子水外,其他方法均可采用蒸馏水。分析实验用的纯水必须注意保持纯净、避免污染。通常采用以聚乙烯为材料制成的容器盛载实验用纯水。

2.2 常用试剂的规格及试剂的使用

分析化学实验中所用试剂的质量,直接影响分析结果的准确性,因此应根据所做实验的具体情况,如分析方法的灵敏度与选择性、分析对象的含量及对分析结果准确度的要求等,合理选择相应级别的试剂,在既能保证实验正常进行的同时,又可避免不必要的浪费。另外试剂应合理保存,避免污染和变质。

2.2.1 化学试剂的分类

化学试剂产品已有数千种,而且随着科学技术和生产的发展,新的试剂种类还将不断产生,现在还没有统一的分类标准,这里简要地介绍一般试剂、高纯试剂和专用试剂。

1. 一般试剂

一般试剂是实验室最普遍使用的试剂,其规格是以其中所含杂质的多少来划分,包括通用的一、二、三、四级试剂和生化试剂等。一般试剂的分级、符号、标签颜色和适用范围列于表 2-2。

表 2-2 化学试剂的等级

级别	中文名称	英文符号	适用范围	标签颜色
一级	优级纯(保证试剂)	GR	精密分析实验	绿色
二级	分析纯(分析试剂)	AR	一般分析实验	红色
三级	化学纯	CP	一般化学实验	蓝色
四级	实验试剂	LR	一般化学实验辅助试剂	棕色或其他颜色
生化试剂	生化试剂、生物染色剂	BR	生物化学及医用化学实验	咖啡色、玫瑰色

2. 高纯试剂

高纯试剂最大的特点是其杂质含量比优级或基准试剂都低,用于微量或痕量分析中试样的分解和试液的制备,可最大限度地减少空白值带来的干扰,提高测定结果的可靠性。同时,高纯试剂的技术指标中,其主体成分与优级或基准试剂相当,但标明杂质含量的项目则多 1～2 倍。

3. 专用试剂

专用试剂顾名思义是指专门用途的试剂。例如在色谱分析法中用的色谱纯试剂、色谱分析专用载体、填料、固定液和薄层分析试剂,光学分析法中使用的光谱纯试剂和其他分析法中的专用试剂。专用试剂除了符合高纯试剂的要求外,更重要的是在特定的用途中,其干扰的杂质成分在不产生明显干扰的限度之下。

2.2.2 使用试剂注意事项

(1)打开瓶盖(塞)取出试剂后,应立即将瓶(塞)盖好,以免试剂吸潮、污染和变质。

(2)瓶盖(塞)不许随意放置,以免被其他物质污染,影响原瓶试剂质量。

(3)试剂应直接从原试剂瓶取用,多取试剂不允许倒回原试剂瓶。

(4)固体试剂应用洁净干燥的小勺取用。取用强碱性试剂后的小勺应立即洗净,以免腐蚀。

(5)用吸管取用液态试剂时,决不许用同一吸管同时吸取两种试剂。

(6)盛装试剂的瓶上,应贴有标明试剂名称、规格及出厂日期的标签,没有标签或标签字迹难以辨认的试剂,在未确定其成分前,不能随便用。

2.3 分析天平的使用

2.3.1 天平的使用

天平是用于精确称量物品质量的计量工具,是分析化学和环境监测不可缺少的重要仪器。目前实验采用的有托盘天平和电子天平,通常最大载荷量为200g,可精确称量到0.0001g。按照其精度越来越高的标准,依次为托盘天平和电子分析天平。

(1)托盘天平:为常用的精确度不高的机械天平,见图2-1。其精确度一般为0.1g或0.2g。它由托盘、横梁、平衡螺母、刻度尺、指针、刀口、底座、分度标尺、游码、砝码等组成。根据杠杆原理,当天平达平衡时,物体的质量等于砝码的质量。位置原则为左物右码。

(2)电子分析天平:一般是指能精确称量到0.0001g(0.1mg)的天平,见图2-2。电子分析天平多采用电磁平衡方式,因称出的是重量,需要校准来消除重力加速度的影响。其特点是称量准确可靠、显示快速清晰并且具有自动检测系统、简便的自动校准装置以及超载保护等装置。

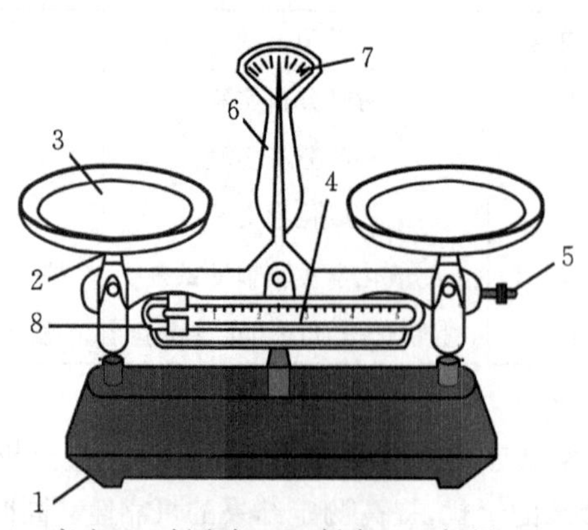

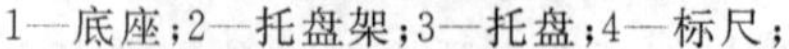
1—底座;2—托盘架;3—托盘;4—标尺;
5—平衡螺母(调节横梁平衡);
6—指针(指示横梁是否平衡);7—分度盘;
8—游码(相当于向右盘加小砝码)

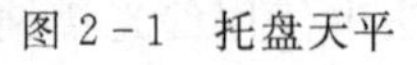
图2-1 托盘天平

图2-2 电子分析天平

2.3.2 使用天平的注意事项

(1)使用托盘天平时,先用称量纸放在左边托盘上,进行调零后,被称物体应放在托盘中央,不得超过天平最大称量,砝码用镊子夹取放在右边托盘的中央;使用电子天平时,首先调平,不要开启前门,操作当中只使用侧门,以防呼吸出的热量及气流影响称量。

(2)过冷、过热物品要放在干燥器中与室温平衡后再进行称重。有挥发性的、湿的和有腐蚀性的物品,不能直接在天平上称重,要放在称量瓶或器皿中称重。

(3)进行同一项实验的所用称重时,最好使用同一台天平,以免产生相对误差。

(4)托盘天平用完后,将砝码取下放入砝码盒内;电子天平用完后,关闭电源并拔下电源插头,用罩子把天平罩好。

2.3.3 天平的维护与保养

(1)将天平置于稳定的工作台上,要求清洁、干燥、避光、防震。相对湿度在50%～70%较适合,因此天平框罩内放入装有烘干的变色硅胶小烧杯,并经常更换。

(2)经常对电子天平进行自校或定期外校,保证其处于最佳状态;在使用前调整水平仪气泡至中间位置;电子天平应按说明书的要求进行预热。

(3)操作天平不可过载使用以免损坏天平。称量易挥发和具有腐蚀性的物品时,要盛放在密闭的容器中,以免腐蚀和损坏电子天平。

(4)电子天平出现故障应及时检修,不可带“病”工作;若长期不用电子天平时应暂时收藏。

2.4 化学定量分析中的常用器皿及洗涤

2.4.1 常用器皿

在化学定量分析(尤其是滴定分析)中常用的器皿,大部分属玻璃制品,按玻璃材质的性能,有的玻璃器皿如烧杯、烧瓶、锥瓶和试管可加热,而试剂瓶、量筒、容量瓶、滴定管等各类器皿都不能用于加热。另外,还有特殊用途的玻璃器皿,如干燥器、漏斗、称量瓶等。在实验中,应根据具体要求来选择使用器皿。

2.4.2 器皿的洗涤

分析化学实验室经常使用玻璃容器和瓷器,用不干净的容器进行实验时,往往由于污物和杂质的存在而得不到准确的结果,所以容器应该保证干净。

洗涤容器方法很多,应根据实验的要求、污物的性质和玷污的程度加以选择。

一般来说,附着在仪器上的污物有尘土和其他不溶性物质、可溶性物质、有机物质及油污等。针对不同情况,可采用下列方法:

(1)用水刷洗:用自来水和毛刷刷洗容器上附着的尘土和水溶物。

(2)用去污粉(或洗涤剂)和毛刷刷洗容器上附着的油污和有机物质。若仍洗不干净,可用热碱液洗。容量仪器不能用去污粉和毛刷刷洗,以免磨损器壁,使体积发生变化。

(3)用还原剂洗去氧化剂如二氧化锰。

(4)进行定量分析实验时,即使少量杂质也会影响实验的准确性。这时可用洗液清洗容量仪器。洗液是重铬酸钾在浓硫酸中的饱和溶液。(5g 粗重铬酸钾溶于 10mL 热水中,稍冷,在搅拌下慢慢加入 100mL 浓硫酸中就得到铬酸洗液,简称洗液)。

使用洗液时要注意以下几点:

(1)使用洗液前最好先用水或去污粉将容器洗一下。

(2)使用洗液前应尽量把容器内的水去掉,以免将洗液稀释。

(3)洗液用后应倒入原瓶内,可重复使用。

(4)不要用洗液去洗涤具有还原性的污物(如有机物),该物质能把洗液中的重铬酸钾还原为硫酸铬(洗液的颜色由深棕色变为绿色)。已变为绿色的洗液不能继续使用。

(5)洗液具有很强的腐蚀性,会灼伤皮肤和破坏衣物。如果不慎将洗液洒在皮肤、衣物和实验桌上,先用干布或卫生纸擦后,立即用水冲洗。

(6)因重铬酸钾严重污染环境,应尽量少用。用上述方法洗涤后的容器要用大量水洗去洗涤剂,并用蒸馏水再洗涤三次。

洗涤容器时应符合少量(每次用少量的洗涤剂)多次的原则。既节约,又提高效率。已洗净的容器壁上,不应附着不溶物或油污,器壁可以被水完全润湿。检查是否洗净时,将容器倒转过来,水即顺着器壁流下,器壁上只留下一层既薄又均匀的水膜,而不应有水珠。

2.5 实验室安全常识

2.5.1 实验室安全制度

(1)使用仪器设备前,要先了解仪器设备的性能,熟悉操作规程,不准盲目动用,以免损毁仪器设备,使用后要整理复位。

(2)检查仪器设备时,要注意安全,不准带电检修,更换保险丝不准超过额定容量。

(3)易燃、易爆、剧毒物品要严格领用制度,要随用随领;特殊情况有少量剩余要双人双锁管理。

(4)时刻提高警惕,防火、防盗、防爆炸、防破坏,下班后要关好门窗,关闭水源、电源,各室房门钥匙要有专人保管,未经允许不得私自配制钥匙。

2.5.2 学生实验守则

(1)按时入室,不迟到,不早退,关闭手机。

(2)实验前要做好预习,实验中要严肃、认真、独立地完成实验内容。

(3)室内禁止吸烟、乱扔杂物,实验中要保持安静,严禁嬉笑打闹。

(4)听从教师指导,按操作规程使用仪器设备,不动本次实验以外的物品,以免发生意外。

(5)实验完毕,仪器设备恢复原位并搞好清洁卫生,实验数据经指导教师检查签字后可离开。

(6)损坏实验物品,按原价的 20%赔偿,贵重物品酌情赔偿。

2.5.3 实验废液处理管理办法

废液分类收储，废液桶固定摆放，未经许可，不得随意移动。为加强管理，控制污染源，规定如下：

(1)碱性废液：设碱桶，收储氧化物等一些遇酸生成毒害或危险性的废弃液。

(2)酸性废液：设酸桶，收储氨盐类化合物以及一般性重金属废液。

(3)COD 废弃液(高酸、高氧化性)：设专用 COD 桶，收储洗液(铬 VI)及 COD 废液。

(4)有机废液：设专用桶，收储苯系物、芘等稠环芳烃类、有机胺、硝基化合物等使用液。

(5)金属汞要水封保存。意外着地需要尽快收集于容器内，而后撒硫磺粉遮盖处理。

实验废液会污染环境，应由实验中心根据存储量，按国家规定集中处理，如简单的酸碱废液可中和后直接排放，有毒有害等废液要委托有资质机构处理。

2.6 实验数据的记录、处理和实验报告

2.6.1 实验数据的记录

(1)学生上课人手一册实验教程，将实验数据记录在手册上。

(2)实验过程中的各种测量数据及有关现象，应及时、准确而清楚地记录下来。记录实验数据时，要有严谨的科学态度，要实事求是，绝不能随意拼凑和伪造数据。

(3)实验过程涉及各种特殊仪器的型号和标准溶液的浓度等，及时准确地记录。

(4)记录实验数据时，应注意其有效数字的位数。用分析天平称量时，要求记录至 0.0001g；滴定管及移液管的读数，应记录至 0.01mL；用分光光度计测量溶液的吸光度时，如吸光度在 0.6 以下，读数应记录至 0.001，大于 0.6 时，则要求读数记录至 0.01。

(5)实验的每一个数据都是测量结果，重复测量时，即使数据完全相同，也应记录下来。

2.6.2 实验数据的表示与检验

为了衡量分析结果的精密度，一般对单次测定的一组结果 $x_1, x_2, \cdots, x_n$，计算出算术平均值后，应再用单次测量结果的标准偏差、相对标准偏差(即变异系数)表示出来。结果的百分含量大于 1%小于 10%时，用 3 位有效数字表示；百分含量大于 10%，则用 4 位有效数字表示。

分析化学实验中，得到一组数据后，若某一数值离群较远时，称这一极值为可疑值。对这一可疑值是保留还是舍弃，可用几种常用的方法进行处理，如 G 检验法、$4\bar{d}$ 法、t 检验法($t_{a,n}$ 值见表 2-3)或 Q 检验法($Q_{p,n}$ 值见表 2-4)。

表 2-3 $t_{a,n}$ 值

n	显著性水准 a			n	显著性水准 a		
	0.050	0.025	0.010		0.050	0.025	0.010
3	1.15	1.15	1.15	10	2.18	2.29	2.41
4	1.46	1.48	1.49	11	2.23	2.36	2.48
5	1.67	1.71	1.75	12	2.29	2.41	2.55
6	1.82	1.89	1.94	13	2.33	2.46	2.61
7	1.94	2.02	2.10	14	2.37	2.51	2.63
8	2.03	2.13	2.22	15	2.41	2.55	2.71
9	2.11	2.21	2.32	20	2.56	2.71	2.88

表 2-4 $Q_{p,n}$ 值

n	置信度 P			n	置信度 P		
	90%	96%	99%		90%	96%	99%
3	0.94	0.98	0.99	7	0.51	0.59	0.63
4	0.76	0.85	0.93	8	0.47	0.54	0.63
5	0.64	0.73	0.82	9	0.44	0.51	0.60
6	0.56	0.64	0.74	10	0.41	0.48	0.57

2.6.3 实验报告

实验完毕后，要及时而认真地写出实验报告。分析化学的实验报告一般包括以下内容：

(1)实验名称。

(2)实验原理：简要地用文字和化学反应说明。例如对于滴定分析，通常应有标定和滴定反应方程式、基准物质和指示剂的选择、标定和滴定的计算公式等。对特殊仪器的实验装置，应画出实验装置简图。

(3)主要试剂和仪器：列出实验中所要使用的主要试剂和仪器。

(4)实验步骤：简明扼要地写出。

(5)实验数据及其处理：应用文字、表格、图形将数据表示出来，根据实验要求及计算公式计算出分析结果、实验误差大小，尽可能地使记录表格化。

(6)问题讨论：对实验教程上的问题讨论题和实验中观察到的现象，以及产生误差的原因进行讨论和分析，以提高自己分析问题和解决问题的能力。

第3章 分析化学实验基本操作

3.1 重量分析法基本操作

重量分析法的基本操作主要有:试样的溶解、沉淀、过滤、洗涤、烘干、灼烧、称量和恒重。下面介绍过滤、洗涤、烘干和灼烧的基本操作。

3.1.1 滤纸的折叠

一般将滤纸对折,然后再对折(暂不要折固定)成四分之一圆,放入清洁干燥的漏斗中,如滤纸边缘与漏斗不十分密合,可稍稍改变折叠角度,直至与漏斗密合,再轻按使滤纸第二次的折边折固定,取出成圆锥体的滤纸,把三层厚的外层撕下一角,以便使滤纸紧贴漏斗壁(见图3-1)。

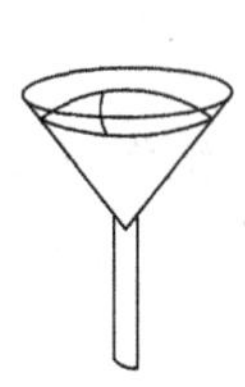

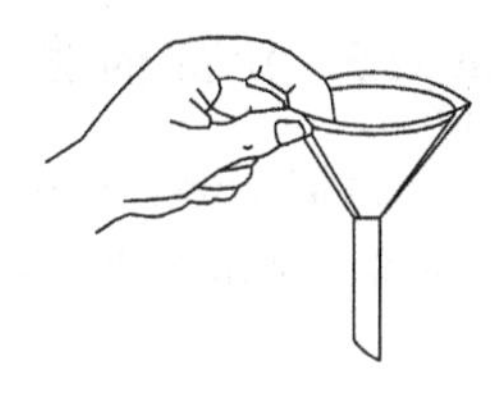

图3-1 滤纸的折叠与安放

3.1.2 滤纸的安放

把折好的滤纸放入漏斗,三层的一边应对应漏斗出口短的一边。用食指按紧,用洗瓶吹入水流将滤纸湿润,轻按压滤纸边缘使锥体上部与漏斗密合,但下部留有缝隙,加水至滤纸边缘,此时空隙应全部被水充满,形成水柱,放在漏斗架上备用。为加快过滤速度也可采用下面的方法折叠滤纸,见图3-2。

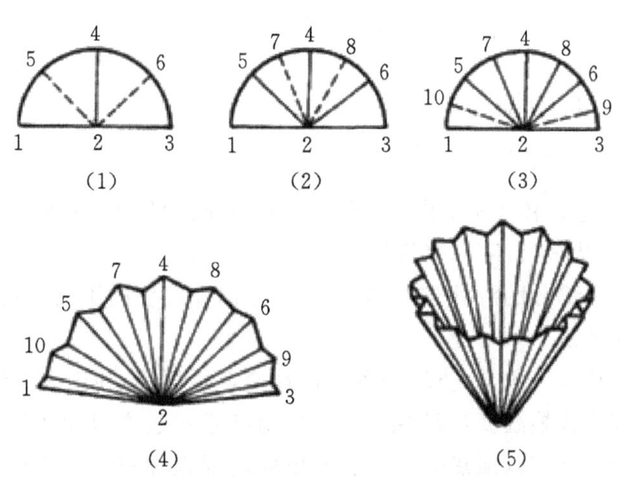

图3-2 快速过滤滤纸折叠示意图

3.1.3 过滤

一般采用“倾注法”过滤，即先把沉淀上层的清液(注意不要搅动沉淀)沿玻棒倾入漏斗，令沉淀尽量留在烧杯内。注意玻棒应垂直立于滤纸三层部分的上方，尽量接近而不接触滤纸，倾入的溶液面应不超过滤纸边缘下 5～6mm 处，漏斗颈下端不应接触溶液。当暂停倾注时，应将烧杯沿玻棒慢慢上提同时缓缓扶正烧杯，待玻棒上的溶液流完后，把玻棒放回烧杯中但不可靠在烧杯嘴处。清液倾注完毕后，加适量洗涤液于烧杯中，待沉淀下沉后再倾注，洗涤液应少量多次加入，每次待滤纸内洗液流尽，再倾入下一次的洗涤液。过滤时应观察滤液是否澄清，若发现混浊，则应将已过滤的部分，重新过滤。因此，用于承接滤液的器皿必须是干净的。

3.1.4 沉淀的转移

经多次倾注洗涤后，再加入少量洗涤液于烧杯中，搅起沉淀，使沉淀连洗涤液沿玻棒转移到漏斗的滤纸上，然后沾在烧杯壁的沉淀用洗瓶吹洗并移入漏斗中。最后，用在准备滤纸所撕下的滤纸角擦净杯嘴、玻棒，纸角一并置入漏斗。

3.1.5 沉淀的洗涤

沉淀全部转移后，继续用洗涤液洗涤沉淀，并使用适当检验方法检验沉淀是否洗涤干净(检验多余沉淀剂是否完全除去)，见图 3-3。

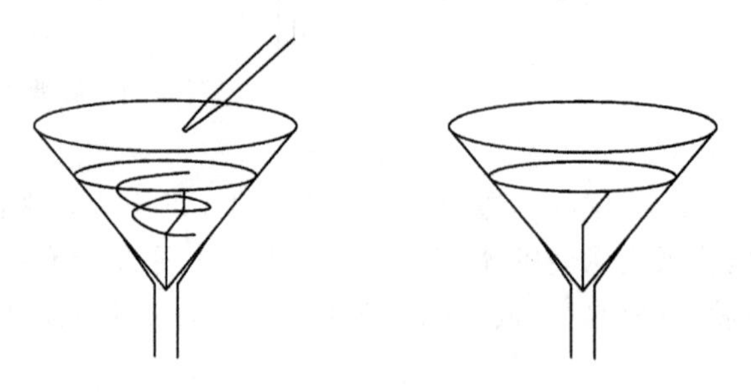

图 3-3 沉淀的洗涤

3.1.6 沉淀的烘干与灼烧

1. 将沉淀包转移入坩埚

当沉淀洗净，洗涤液已流干后，用玻棒将滤纸从三重厚的边缘开始将滤纸向内折卷，使滤纸圆锥体的敞口封上，形成沉淀包，轻轻转动一下，把沉淀包取出，再将它倒置过来使尖端向上并放入坩埚中，这时，大部分的沉淀与坩埚底部接触，以便沉淀的干燥和灼烧。

2. 沉淀的烘干和灼烧

将上述坩埚斜放在泥三角上，将坩埚盖半掩地倚在坩埚口，利用火焰将滤纸干燥、碳化，在这个过程中要适当调节火焰温度，当滤纸未干时，温度不宜过高以免坩埚破裂，在中间阶段将火焰放在坩埚盖之中心下方以便热空气反射入坩埚内部以加速滤纸干燥，随后将火焰移至坩埚底部提高火焰温度使滤纸焦化，最后适当转动坩埚位置，继续加热使滤纸灰化，灰化完全时沉淀应不带黑色。

沉淀灼烧完全后，经放至室温，转入干燥器，平衡约 30 min 后再称重，直至恒重。灼烧沉淀的过程也可以在高温电热马福炉中完成。此时，一般先将沉淀包的滤纸炭化(加热至黑烟冒尽)，再置入高温电热马福炉中灰化。

采用何种灼烧技术，可视实验室的装备决定，但其原则不变，即：若有滤纸过滤，则必须先将滤纸碳化后再加热至无黑色微粒，才将其送入高温炉(也可采用微波炉)灼烧至恒重；若用玻璃砂芯漏斗进行过漏，则应待沉淀中的溶液抽干、把沾在外壁的水擦干后，再放入电热干燥箱干燥至恒重。

3.2 滴定分析基本操作

滴定分析中常用玻璃量器，其中准确量度体积的有滴定管、移液管、容量瓶，通常称滴定分析实验的量具。对体积量度的精密度要求不高时，可使用量筒和量杯等器皿。滴定分析实验量具的使用有严格的要求，必须正确掌握使用这些仪器的规范操作方法。

分析化学实验要求准确量度体积时，一般使用移液管、滴定管和容量瓶。仪器在制造时都要进行校正再标上刻度，但校正时所标的刻度有两种不同涵义，一种是指“排出”(to diliver，简写 TD)，另一种指“装盛”(to contain，简写 TC)。装盛体积和排出的体积是不一样的。校正时还标明校正时的温度。通常，容量瓶是指 TC 体积，滴定管和移液管是指 TD 体积。还有，从移液管放出溶液至完毕时，末端留下一滴溶液，通常不要吹下。但也有一些仪器厂在校正时说明要吹的，则应按要求规范的操作去做。以上三种量具在使用前都必须合理选择，咀、口有破损的不能使用。

3.2.1 移液管

移液管用以准确移取固定体积的溶液，有各种不同的规格，如 50mL、25mL、20mL、15mL、10mL、5mL、2mL、1mL 等，可根据实验的要求进行选用。这种移液管一般使用的较多，习惯称之为单标移液管。

1. 洗涤

使用前必须用洗涤剂溶液或铬酸洗液洗涤。用洗耳球吸入洗涤剂至移液管膨体部分的一半，使之放平再旋转几周使内部玻壁均与之接触，随后放出洗涤剂(若用铬酸洗液，则应放回原装洗液瓶内)，先用自来水冲洗数次后再用蒸馏水洗(三遍)干净。

2. 移取溶液

移取溶液前，先移取少量该溶液润洗移液管，润洗与洗涤方法相同。然后插入溶液 2/3 深度中，用洗耳球吸取溶液至刻度以上，立即用食指按紧移液管口取出，轻微减轻食指压力并转动移液管使溶液慢慢流出，同时观察液面，当液面达到与刻度相切时，立即按紧食指，用滤纸片将沾在移液管下端的试液擦去(注意滤纸片不可贴在移液管咀，以免吸去试液)后，将其垂直插入接受器，使移液管下端与接受器内壁接触并将接受器稍倾斜，全放开食指让溶液自由流下，待溶液完全流出后，按规定 15 秒后取出移液管。

3. 洗净

移液管使用完毕用自来水和蒸馏水洗净，放回仪器架上。

3.2.2 吸量管

带有刻度的移液管称之为吸量管，一般用于 10mL 以下溶液体积的移取。可以根据需要移取吸量管刻度上的任何体积。吸量管规格常用的有 0.1～10mL。吸量管的基本操作与移液管同。

3.2.3 滴定管

滴定管是一根具有均匀刻度的玻璃管，在滴定分析法中装盛操作液用于滴定。在制造时按等分距离进行刻制刻度，由于玻璃管直径不可能绝对均匀，所以同一数值的刻度，也会有误差，所以要进行校正。

滴定管下端有活塞以便控制滴定速度。滴定管按装盛溶液性质不同分为酸式和碱式滴定管两种，装盛酸液而具有玻璃活塞的是酸式滴定管，装盛碱液而具有胶管玻璃珠活塞的是碱式滴定管。近来，已有采用聚四氟乙烯材质制作的滴定管活塞，可用于装盛酸液或碱液。

1. 酸式滴定管

当滴定管装满溶液后，不应滴液或渗液，若发现滴液或渗液情况，一般是由于活塞不配套或活塞涂油不正确引起的。若是活塞不配套，属产品质量问题，无法处理，换用一支合格的即可。若滴定管产品合格，则滴液或渗液的原因一般是活塞涂油不当引起的。正确的涂油方法如下：

(1)清理：将酸式滴定管平放在实验台上，取下活塞小端上的小胶圈，轻轻拨出玻璃活塞，用滤纸将沾在活塞和活塞窝的油和水彻底擦干净。

(2)涂油：在旋塞的两头上均匀涂上薄薄的一层凡士林，但要注意的是，旋塞孔的同一圆周的一圈不能涂油，否则当旋塞转动时，凡士林油将会把孔堵塞，然后将其插入旋塞窝内(在玻璃活塞的小头套上一小橡皮圈固定，以免活塞脱落)，然后沿同一方向旋转数次，此时，旋塞部位应透明，这说明涂油均匀，若有条纹样出现，说明涂油不均匀，应重新处理。涂油合格的滴定管旋塞，在操作时感觉润滑，且装满溶液时，不漏液或渗液。

(3)检漏：将涂好油的酸式滴定管装满水，夹在滴定台上，10min 后观察是否渗液；将旋塞转动 180°后，10min 后再观察，若渗液或漏液就必须重新涂油，直至不渗漏液为止。

(4)洗涤：将酸式滴定管的活塞关紧，注入 15～20mL 的洗涤液，慢慢将滴定管放平，并转动滴定管，使洗涤液与滴定管的内壁充分接触。将洗涤液从滴定管口倒出，也可从滴定管咀放出。先用自来水再用蒸馏水洗涤滴定管后，将其倒挂在滴定管架上。

2. 碱式滴定管

碱式滴定管装满溶液后也应不滴液或渗液，若发现滴液或渗液情况，可能是因为胶管老化无弹性，换一条胶管即可；也可能玻璃珠的大小与胶管不配套，可换一颗合适的玻璃珠即可。

(1)用前处理：若碱式滴定管的内壁有水珠，且用一般的洗涤剂仍不能清洗干净时，可按下面方法进行处理：将碱式滴定管胶管以下的部分小心取下，用一小胶头套上，加入铬酸洗液约 20～30mL，一边转动一边将滴定管放平，使管内表面与铬酸洗液完全接触。边转动边从滴定管口放出洗液，用自来水冲洗数次，再用蒸馏水洗涤 2～3 次，然后将其倒挂在滴定管架上。

(2)装入操作液及读数方法：倾入少量(15～20mL)操作溶液，按上述洗涤操作处理三次，每次都要与内壁充分接触，从滴定管下口放出，随后装入操作液，倾满至刻度“0”以上。

对于酸式滴定管，可以迅速打开活塞以排去滴定管下部的空气泡；对于碱式滴定管排除气泡的操作方法见图 3－4，最后调节体积读数至零或零以下（0.5mL 内）的位置，稍停片刻再读取并记录滴定前滴定管读数。读取滴定管内溶液的体积数据时，视线应与溶液弯月面最低线平行（相切），见图 3－5。

3. **滴定**

操作手势在教师指导下练习，做到两手配合得当，操作自如，掌握连续滴加、只加一滴（即使溶液悬而未落）和只加半滴的操作方法。操作时注意下面几点：

（1）摇动锥瓶时要向同一方向旋转，使既均匀又不会溅出。

（2）滴定管不能离开瓶口过高，也不接触瓶口。即：在未开始滴定时，锥瓶可以方便地移开，滴定操作时，滴定管咀伸入锥瓶但不超过瓶颈。

（3）滴定过程中，左手不能离开活塞任操作液自流。

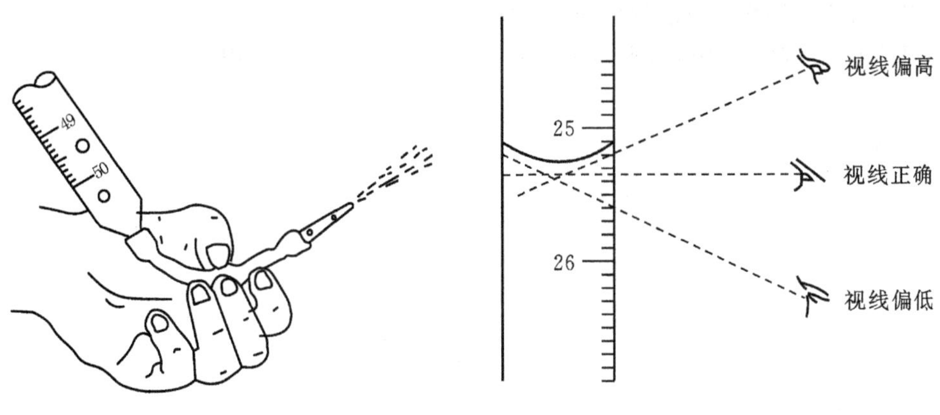

图 3－4　碱式滴定管排气泡　　　图 3－5　普通滴定管读数方法

（4）半滴的操作：滴定管放出（酸式）或挤出（碱式）操作液半滴，提起锥瓶，令其内壁轻轻与滴定管咀接触，使挂在滴定管咀的半滴操作液沾在锥瓶内壁，再用洗瓶将其洗下。

（5）注意观察滴落点附近溶液颜色的变化：滴定开始时，速度可以稍快，是滴加而不是流成“水线”，临近终点时滴一滴，摇几下，观察颜色变化情况，再继续加一滴或半滴，直至溶液的颜色刚从一种颜色突变为另一种颜色并在 1～2min 内不变，即为终点。

3.2.4　容量瓶

1. **用途与规格**

容量瓶可用于配制标准溶液或基准溶液，也可用于溶液的倍数的稀释。容量瓶有多种规格体积，如 5mL，10mL，25mL，50mL，100mL，500mL，…，2000mL。一般瓶颈刻度是指 TC 体积。

2. **容量瓶的使用操作**

容量瓶使用之前，应检查塞子是否与瓶配套。将容量瓶盛水后塞好，左手按紧瓶塞，右手托起瓶底使瓶倒立，如不漏水方可使用。瓶塞应用细绳系于瓶颈，不可随便放置以免沾污或错乱。配制溶液时，先将准确称取的物质在小烧杯中溶解，再将溶液沿玻棒注入容量瓶。溶液转移后，应将烧杯沿玻棒微微上提同时使烧杯直立，避免沾在杯口的液滴流到杯外，再把玻棒放回烧杯。接着用洗瓶吹洗烧杯内壁和玻棒，洗水全部转移入容量瓶，重复此操作四、五次以保证转移完全。以上过程，称为“定量转移”操作。

定量转移后，加入稀释剂（例如水），加稀释剂至约大半瓶时，先将瓶摇动（不能倒置）使溶液初步均匀，接着加至离刻度线约 0.5cm 处，用小滴管逐滴加入蒸馏水至液面与标线相切，盖好瓶塞，用食指压住塞子，其余四指握住颈部，另一手（五只手指）托住容量瓶并反复倒置，摇荡使溶液完全均匀，此操作为“定容”。

3.2.5 滴定分析仪器使用注意事项

（1）必须洗涤干净，不干净的仪器会在玻璃壁上带有水珠使量度体积不准；对于滴定分析量具（滴定管、移液管和容量瓶），要求洗净至不挂水珠为准。

（2）容量仪器不能加热或急冷，不能烘干。

（3）观察液面要按弯月形底部最低点为准。

（4）观察液面刻度时，视线要与刻度在同一水平上，否则会引入误差。

第4章 分析样品的采集及预处理

4.1 分析样品的采集

4.1.1 水样的采集与保存

水样体积取决于分析项目、所需精度及水的矿化度等，通常应超过各项测定所需水试样的20%。盛水样的容器应选用无色硬质玻璃瓶或聚乙烯塑料瓶。取样前至少用水样洗涤瓶及塞子3次，取样时应缓缓注入瓶中，不要起泡，不要用力搅动水源，并注意勿使砂石、浮土颗粒或植物杂质进入瓶中。采取水样时，不能把瓶子完全装满，至少留有2 cm高(或10～20 mL)的空间，以防水温或气温改变时将瓶塞挤掉。取完水样后塞好瓶塞(保证不漏水)，并用石蜡或火漆封瓶口。若采集平行分析水样，则必须在同样条件下同时取样。采集高温泉水样时，在瓶塞上插一根内径极细的玻璃管，待水样冷却至室温后拔出玻璃管，再密封瓶口。

1. 洁净水的采集

(1)采集自来水或具有抽水设备的井水时，应先将水静置数分钟，将积留在水管中的杂质冲洗掉，然后再取样。

(2)没有抽水设备的井水，应该先将提水桶冲洗干净，然后再取出井水装入取样瓶或直接用水样采集瓶采集。

(3)采集河、湖表面的水样时，应该将取样瓶浸入水面下20～50cm处，再将水样装入瓶中。遇水面较宽时应该在不同的地方分别采样，才具有代表性。

(4)采集河、湖较深处的水样时，应当用水样采集瓶。最简单的方法是用一根杆子，上面用夹子固定一个取样瓶或是用一根绳子系着一个取样瓶，将已洗净的金属块或砖石紧系瓶底，另用一根绳子系在瓶塞上，将取样瓶沉降到预定的深度时，再拉动绳子打开瓶塞取样。

2. 生活污水的采集

生活污水的成分复杂，变化很大，为使水样具有代表性，必须分多次采集后加以混合。一般是每小时采集一次(收集水样的体积可根据流量取适当的比例)，将24小时内收集的水样混合，即为代表性样品。

3. 工业废水的采集

由于工业工艺过程的特殊性，工业废水成分往往在几分钟内就有变化。所以，工业废水的采集比生活污水的采集更为复杂。采样的方法、次数、时间等都应根据分析目的和具体条件而定。共同的原则是所采集的水样有足够的代表性。如废水的水质不稳定，则应每隔数分钟取样一次，然后将整个生产过程所取的水样混合均匀。如果水质比较稳定，则可每隔1～2 h取样一次，然后混合均匀。如果废水是间隙性排放，则应适应这种特点而取样。水样采集时还应考虑到取水量问题，每次的取水量应根据废水量的比例增减。

采样和分析的间隔时间越短，则分析结果越可靠。对某些成分和物理数据的测定应在现场即时进行，否则在送样到实验室期间或在存放过程中可能发生改变。采集与分析之间允许的间隔时间，取决于水样的性质和保存条件，而无明确的规定。供物理化学检验用水样的允许存放时间：洁净的水为72h，轻度污染的水为48h，严重污染的水为12h。

采集与分析相隔的时间应注明于检验报告中。对于确实不能立刻分析的水样，可以加入保存剂加以保存。

4.1.2 土壤样品的采集与制备

1. 土壤样品的采集

土壤采集的时间、地点、层次、方法、数量等都由土样分析的目的来决定。

(1)采样前的准备工作。

采样前必须了解采样地区的自然条件(母质、地形、植被、水文、气候等)、土壤特征(土壤结构、层次特征、分布)、农业生产特征(土地利用、作物生长、产量、水利、化肥农药的使用情况等)、是否受到污染及污染的状况等。在调查的基础上，根据需要和可能来布设采样点，同时挑选一定面积的对照地块。

(2)采样点的选择。

由于土壤本身在空间分布上具有较大的不均匀性，需要在同一采样地点作多点采样，再混合均匀。

(3)采样深度。

需一般性地了解土地受污染情况时，采集深度约15cm的耕层土壤和耕层以下15～30cm的土样。如果要了解土壤污染深度，则应按土壤剖面层次分层取样。

(4)土样数量。

一般要求采样1kg左右。由于土壤样品不均匀需要多点采样而取土量较大时，应反复以“四分法”缩分到所需量。

2. 土壤样品的制备

(1)土壤的风干。

除了测定游离挥发酚等项目用新鲜土样外，大多数项目须用风干土样，因为风干的土样较易混匀，重复性和准确性都较好。风干的方法：将采回的土样倒在盘中，趁半干状态，把土块压碎，除去植物残根等杂物，铺成薄层并经常翻动，在阴凉处让其风干。

(2)磨碎与过筛。

风干后的土样，用有机玻璃棒碾碎后过2mm塑料(尼龙)筛，除去2mm以上的砂砾和植物残体(若砂砾量多时应计算其占土样的质量分数)。然后将细土样用“四分法”缩分到足够量(如测重金属约需100 g)，其余土样另装瓶备用。

(3)含水量的测定。

无论何种土样均需知道土样的含水量以便按烘干土基准进行计算。

4.1.3 大气样品的采集

大气样品的采集方法包括直接采样法、富集采样法和无动力采样法。

1. 直接采样法

当空气中被测组分浓度较高或所用分析方法灵敏度高，直接采样就能满足环境监测要求时，可用直接采样法。常用的采样容器有注射器、塑料袋、球胆等。

2. 富集采样法

当空气中被测物质的浓度很低（10^{-3}～1 mg/m^3），而所用的分析方法又不能直接测出其含量时，需用富集采样法进行空气样品的采集。富集采样的时间一般比较长，所得的分析结果是在富集采样时间内的平均浓度。富集采样法有溶液吸收法、固体吸收法、低温冷凝法、滤料采样法、个体剂量器法等。根据监测目的和要求、被测物质的理化性质、在空气中的存在状态、所用的分析方法等来选择。

3. 无动力采样法

无动力采样法往往用于单一的某个检测项目。如用过氧化铅法、碱片法采集大气中的含硫化合物，以测定大气硫酸盐化的速率；用石灰滤纸法采集大气中的微量氟化物；用集尘缸采样法测定灰尘自然沉降量等。

据测定的目的选择采样点，同时应考虑到工艺流程、生产情况、被测物质的理化性质和排放情况，以及当时的气象条件等因素。每一个采样点必须同时平行采集两个样品，测定结果之差不得超过20%，记录采样时的温度和压力。如果生产过程是连续性的，可分别在几个不同地点、不同时间进行采样。如果生产是间断性的，可在被测物质产生前、产生后以及产生的当时，分别测定。

4.1.4 试样制备过程中引入的误差

在试样制备过程中往往会引入误差，引入误差的主要原因有以下几个方面：

(1)组分没有全部转化成分析状态；

(2)制备过程中被测成分成雾状损失；

(3)制备过程中挥发损失；

(4)制备过程中与容器反应造成损失；

(5)制备过程中由于沾污而引入误差。

4.2 试样的分解

除液体和气体试样采样后直接进行分析和固体中可以用干法分析（如光电直读光谱仪、X-射线荧光光谱仪和差热分析仪器等）外，其他固体试样通常均需将试样分解，使其被测组分完全制成真溶液状态，然后才能进行分析。因此，试样分解是试样分析过程的重要步骤，对制定快速准确的分析方法，取得可靠的分析结果意义重大。

4.2.1 溶解分析法

试样以溶解方式分解比较简单、快速，所以尽可能采用溶解的方式。

1. 盐酸

盐酸是分解试样的重要强酸之一，它能分解许多金属活动顺序表排在氢以前的元素，如铁、钴、镍、铝、铬、锡、镁、锌、钛、锰等。它与金属作用放出氢气，生成可溶性的氯化物。盐酸还能分解许多金属的氧化物及碳酸盐矿物。

2. 硝酸

硝酸具有强的氧化性,所以硝酸溶液兼有酸的作用及氧化作用,溶解能力强,溶解速度快。除铂、金和某些稀有金属外,浓硝酸能分解几乎所有的金属试样。但铁、铝、铬等在硝酸中由于生成氧化膜而钝化会阻碍试样溶解。钨、锑、锡与硝酸作用则生成不溶性的酸。硫化物及有些矿石皆可溶于硝酸中。

3. 硫酸

稀硫酸没有氧化性,而热浓硫酸是一种相当强的氧化剂。除钡、锶、钙、铅的硫酸盐外,其他硫酸盐一般都溶于水。硫酸可溶解钛、锑、铌、钽等金属及其合金和铝、铍、锰、钛等的矿石。硫酸沸点高(338℃),可在高温下分解矿石,加热蒸发到冒出三氧化硫白烟,可除去试样中挥发性的盐酸、硝酸、氢氟酸及水等。

4. 氢氟酸

氢氟酸主要应用于分解硅酸盐,生成挥发性四氟化硅,还能与许多金属离子形成络合能力很强的络离子。在分解硅酸盐及含硅化合物时,它常与硫酸混合应用,分解作用在铂坩埚或聚四氟乙烯器皿中于通风橱内进行。

5. 高氯酸

热的高氯酸(72.4%,水、酸恒沸混合物)几乎能与所有金属(除金和一些铂族金属外)起作用,并能把它们氧化成最高氧化态。只有铅和锰仍然保持着较低的氧化态,分别呈二价铅和二价锰,但在有过量的磷酸下,锰也可能被氧化为三价锰。

非金属也能与高氯酸起反应。特别重要的是,磷及其各种化合物能被氧化成磷酸盐,硫化物样品中的硫,因其化学反应会部分成为硫化氢而损失。因此,湿法测定金属中的硫时,不能单用高氯酸分解样品。高氯酸常用来分析钢和其他铁合金,因为它不仅能快速溶解这些样品,而且能把常见元素同时氧化为最高氧化态,高氯酸使硅酸迅速脱水后所得到二氧化硅很容易滤出。

6. 磷酸

磷酸最重要的用途是溶解并测定铬铁矿及不溶于氢氟酸的各种硅酸盐中的二价铁。很多硅酸盐都能溶于磷酸,例如,高岭土、云母、长石。磷酸还可用来溶解氧化铁矿、炉渣,剩下不溶解的二氧化硅以便测定。它还往往与硫酸一起混合使用,在冒烟时能络合钨、铌、钛、钼等离子,使这类试样不析出沉淀。

7. 混合溶剂

混合溶剂具有溶解能力强、溶解速度快等特点,所以在实际工作中经常使用混合溶剂。常用的混合溶剂有:

(1)混合酸。如硫酸—磷酸、硫酸—硝酸、盐酸—硝酸、盐酸—高氯酸等。

(2)酸中加氧化剂。如盐酸加过氧化氢、盐酸加溴水等。

(3)酸中加络合剂。如硫酸加氢氟酸等。

(4)酸中加氧化剂并加络合剂。如盐酸加过氧化氢并加氢氟酸等。

例如,由 3 份浓盐酸和 1 份浓硝酸混合而成的王水,由于硝酸的氧化作用及盐酸的络合能力,因此,它的溶解能力更强,可溶解铂、金等贵金属耐酸合金等。钢铁分析中常应用的硫酸与磷酸的混合酸能最大程度地分解试样,溶解与保持各种需测的元素。盐酸和过氧化氢的混合液具有很强的溶解能力，溶解速度快，常用作不锈钢试样的溶解酸等。

8. 氢氧化钠溶液

300～400g/L 的氢氧化钠溶液加过氧化氢能剧烈分解铝及其合金。反应可在银或聚乙烯塑料杯中进行。另外，氢氧化钠溶解后的溶液用硝酸、硫酸酸化并将金属残渣溶解，在所得溶液中可测定各组分。

4.2.2 微波消解法

有一个或多至十几个溶解小罐，电脑自动调控加热温度，用光导纤维监测溶解反应正常与否，有紧急泄气阀门。该法优点是溶样简单，溶解速度快，微量元素不易沾污，甚至生化样品、有机颗粒也能迅速消解干净，但设备较为昂贵。

第5章 水分析化学实验

5.1 水中碱度的测定——酸碱滴定法

水中的碱度是指水中所能够接受质子的物质总量。

5.1.1 实验目的

通过实验掌握水中碱度的测定方法。

5.1.2 实验原理

采用连续滴定法测定水中碱度。首先以酚酞为指示剂，用 HCl 标准溶液滴定至终点时溶液由红色变为无色，用量为 P(mL)；接着以甲基橙为指示剂，继续用同浓度 HCl 溶液滴定至橘黄色变为橘红色，用量为 M(mL)。如果 $P>M$，则有 OH^- 和 CO_3^{2-} 碱度；$P<M$，则只有 CO_3^{2-} 和 HCO_3^- 碱度；$P=M$ 时，则只有 CO_3^{2-} 碱度；如 $P>0$，$M=0$，则只有 OH^- 碱度；$P=0$，$M>0$，则只有 HCO_3^- 碱度。根据 HCl 标准溶液的浓度和用量(P 与 M)，求出水中的碱度。

5.1.3 仪器

(1)酸式滴定管(25mL)。

(2)锥形瓶(250mL)。

(3)移液管(100mL)。

(4)无 CO_2 蒸馏水。将蒸馏水或去离子水煮沸 15min，冷却至室温。pH 值应大于 6.0，电导率小于 2μS/cm。无 CO_2 蒸馏水应贮存在带有碱石灰管的橡皮塞盖严的瓶中。所有试管溶液中均无 CO_2 蒸馏水配制。

(5)0.1000mol/L HCl 溶液。

(6)酚酞指示剂(0.1%的 90%乙醇溶液)。

(7)甲基橙指示剂(0.1%的水溶液)。

5.1.4 实验步骤

(1)用移液管吸取两份水样和无 CO_2 蒸馏水各 100mL，分别放入 250mL 锥形瓶中，加入 4 滴酚酞指示剂，摇匀。

(2)若溶液呈红色，用 0.1000mol/L HCl 溶液滴定至刚好无色(可与无 CO_2 蒸馏水的锥形瓶比较)，记录用量(P)。若加酚酞指示剂后溶液无色，则不需要用 HCl 溶液滴定。接着按下一步骤操作。

(3)再于每瓶中加入甲基橙指示剂 3 滴,混匀。

(4)若水样变为橘黄色,继续用 0.1000mol/L HCl 溶液滴定至刚好变为橘红色为止(与无 CO_2 的蒸馏水中颜色比较),记录用量(M)。如果加甲基橙指示剂后溶液为橘红色,则不需要用 HCl 溶液滴定。

5.1.5 实验数据记录整理及问题讨论

(1)实验结果记录(见表 5-1)。

表 5-1 碱度测定结果记录

锥形瓶编号		1	2
酚酞指示剂	滴定管终读数 (mL)		
	滴定管初始读数(mL)		
	P (mL)		
	平均值		
甲基橙指示剂	滴定管终读数(mL)		
	滴定管初始读数(mL)		
	M (mL)		
	平均值		

(2)实验结果分析。

$$总碱度(CaO计,mg/L) = \frac{总碱度(CaO,mg/L) = C(P+M) \times 28.04}{V} \times 1000 \quad (5-1)$$

$$总碱度(CaCO_3计,mg/L) = \frac{总碱度(CaCO_3计,mg/L) = C(P+M) \times 50.05}{V} \times 1000 \quad (5-2)$$

式中 C——HCl 标准溶液的量浓度(mol/L);

P——酚酞为指示剂滴定终点时消耗 HCl 标准溶液的量(mL);

M——甲基橙为指示剂滴定终点时消耗 HCl 标准溶液的量(mL);

V——水样体积(mL);

28.04——氧化钙的摩尔质量;

50.05——碳酸钙的摩尔质量。

(3)问题讨论。

①根据实验数据,判断水样中有何种碱度。

②为什么水样直接以甲基橙为指示剂,用标准溶液滴定至终点,所得碱度是总碱度吗?

5.1.6 拓展性实验内容

在准备水样时,可以准备不同水源的水样,比如地表水水样和地下水水样,或自来水处理工艺中混凝前后的水样,通过连续酸碱滴定,分别测定水中的碱度,比较不同水源水中的碱度组成和含量,或混凝过程中碱度的变化特性。

5.2 水中硬度的测定——络合滴定法

水中硬度是指水中 Ca^{2+}、Mg^{2+} 浓度的总量，是水质的重要指标之一。

5.2.1 实验目的

(1)学会 EDTA 标准溶液的配制和标定方法；

(2)掌握水中硬度的测定原理和方法。

5.2.2 实验原理

在 pH=10 的 NH_3-NH_4Cl 缓冲溶液中，铬黑 T 与水中 Ca^{2+}、Mg^{2+} 形成紫红色络合物，然后用 EDTA 标准溶液滴定至终点时，置换出铬黑 T 使溶液呈现亮蓝色，即为终点。根据 EDTA 标准溶液的浓度和用量便可求出水样中的总硬度。

如果在 PH>12 时，Mg^{2+} 以 $Mg(OH)_2$ 沉淀形式被掩散，加钙指示剂，用 EDTA 标准溶液滴定至溶液由红色变为蓝色，即为终点。根据 EDTA 标准溶液的浓度和用量便可求出水样中 Ca^{2+} 的含量。

5.2.3 仪器与试剂

(1)滴定管(50mL)。

(2)10mmol/L EDTA 标准溶液：称取 3.725g EDTA 钠盐(Na_2-EDTA · $2H_2O$)，溶于水后倾入 1000mL 容量瓶中，用水稀释至刻度。

(3)铬黑 T 指示剂：称取 0.5g 铬黑 T 与 100g 氯化钠 NaCl 充分研细混匀，盛放在棕色瓶中，塞紧。

(4)缓冲溶液(pH ≈ 10)：称取 16.9g NH_4Cl 溶入 143mL 浓氨水中，加 Mg-EDTA 盐全部溶液，用水稀释至 250mL。

Mg-EDTA 盐全部溶液的配制：称取 0.78g 硫酸镁($MgSO_4$ · $7H_2O$)和 1.179gEDTA 二钠(Na_2-EDTA · $2H_2O$)溶于 50mL 水中，加 2mL 配好的氯化铵的氨水溶液和 0.2g 左右铬黑 T 指示剂干粉。此时溶液应显紫红色(如果出现蓝色，应再加极少量硫酸镁使其变为紫红色)。用 10mmol/L EDTA 溶液滴定至溶液恰好变为蓝色为止(切勿过量)。

(5)10mmol/L 钙标准溶液：准确称取 0.500g 分析纯碳酸钙 $CaCO_3$(预先在 105℃～110℃下干燥 2h)放入 500mL 烧杯中，用少量水润湿。逐滴加入 4mol/L 盐酸至碳酸钙完全溶解。加入 100mL 水，煮沸数分钟(除去 CO_2)，冷至室温。加入数滴甲基红指示液(0.1g 溶于 100mL60%乙醇中)，逐滴加入 3mol/L 氨水直至变为橙色，转移至 500mL 容量瓶中，用蒸馏水定容至刻度。此溶液 1.00mL=1.00mg $CaCO_3$=0.4008mg 钙。

酸性铬蓝 K 与萘酚绿 B(m/m=1：(2～2.5))混合的指示剂为 KB 指示剂，将 KB 与 NaCl 按 1：50 比例混合研细混匀。

(6)三乙醇胺 20%。

(7)Na_2S 溶液 2%。

(8)4mol/L HCl 溶液。

(9)10%盐酸羟胺溶液:现用现配。

(10)2mol/L NaOH 溶液:将 8gNaOH 溶入 100mL 新煮沸放冷的水中,盛放在聚乙烯瓶中。

5.2.4 实验内容

1. EDTA 的标定

分别吸取 3 份 25mL10mmol/L 钙标准溶液于 250mL 锥形瓶中,加入 20mL pH≈10 的缓冲溶液和 0.2g KB 指示剂,用 EDTA 溶液滴定至溶液由紫红色变为蓝绿色,即为终点,记录用量。按下式计算 EDTA 溶液的量浓度(mmol/L)。

$$C_{EDTA} = \frac{C_1 V_1}{V} \tag{5-3}$$

式中 C_{EDTA} ——EDTA 标准溶液的量浓度(mmol/L);

V——消耗 EDTA 溶液的体积(mL);

C_1 ——钙标准溶液的量浓度(mmol/L);

V_1 ——钙标准溶液的体积(mL)。

2. 水样的测定

(1)总硬度的测定。

①吸取 50mL 自来水水样 3 份,分别放入 250mL 锥形瓶中。加 1~2 滴 HCl 溶液酸化,煮沸数分钟以除去 CO_2,冷却至室温,并再用 NaOH 或 HCl 调至中性。

②加 5 滴盐酸羟胺溶液。

③加 1mL 三乙醇胺溶液,掩蔽 Fe^{3+}、Al^{3+} 等的干扰。

④加 5mL 缓冲溶液和 1mLNa_2S 溶液(掩蔽 Cu^{2+}、Zn^{2+} 等重金属离子)。

⑤加 0.2g(约 1 小勺)铬黑 T 指示剂,溶液呈明显的紫红色。

⑥立即用 10mmol/L EDTA 标准溶液滴定至蓝色,即为终点(滴定时充分摇动,使反应完全),记录用量($V_{EDTA(1)}$)。总硬度由下式计算:

$$总硬度(mmol/L) = \frac{C_{EDTA} V_{EDTA(1)}}{V_0} \tag{5-4}$$

$$总硬度(CaCO_3 计,mg/L) = \frac{C_{EDTA} V_{EDTA(1)}}{V_0} \times 100.1 \tag{5-5}$$

式中 C_{EDTA} —— EDTA 标准溶液的量浓度(mmol/L);

$V_{EDTA(1)}$ ——消耗 EDTA 标准溶液的体积(mL);

V_0 ——水样的体积(mL);

100.1 ——碳酸钙的摩尔质量($CaCO_3$,g/mol)。

(2)钙硬度的测定。

①吸取 50mL 自来水水样 3 份,分别放入 250mL 锥形瓶中,以下同总硬度测定步骤①~③。

②加 1mL 2mol/L NaOH 溶液(此时水样的 pH 为 12~13)。加 0.2g(约 1 小勺)钙指示剂(水样呈明显的紫红色)。立即用 EDTA 标准溶液滴定至蓝色,即为终点,记录用量($V_{EDTA(2)}$)。钙硬度由下式计算:

$$钙硬度(Ca^{2+},mg/L)=\frac{C_{EDTA}V_{EDTA(2)}}{V_0}\times 40.08 \quad (5-6)$$

式中 $V_{EDTA(2)}$ ——消耗 EDTA 标准溶液的体积(mL)；

40.8——钙的摩尔质量(Ca,g/mol)。

5.2.5 实验数据记录整理及问题讨论

(1)实验数据记录整理(见表 5-2)。

表 5-2 硬度测定结果记录

水样编号	1	2	3
$V_{EDTA(1)}$ (mL)			
平均值			
总硬度(mmol/L) ($CaCO_3$ 计,mg/L)			
$V_{EDTA(2)}$ (mL)			
平均值			
钙硬度(Ca^{2+} ,mg/L)			

(2)问题讨论。

①根据上述数据,计算水中镁硬度是多少(mg/L 表示)?

②测定水的硬度时,缓冲溶液中加 Mg-EDTA 盐的作用是什么？对测定有无影响?

③对比测定水样硬度和碱度的关系。

5.2.6 拓展性实验内容

进行高硬度水的药剂软化实验,药剂分别采用石灰和碳酸钠,明确暂时硬度和永久硬度的区别,以及石灰软化法的处理效果。

5.3 水中溶解氧的测定——氧化还原滴定法

溶于水中的氧称为溶解氧,用 DO 表示,单位为 mgO_2/L。溶解氧 DO 是水质综合指标之一。

5.3.1 实验目的

(1)学会水中 DO 的固定方法;

(2)掌握碘量法测定水中 DO 的原理和方法。

5.3.2 实验原理

水样中加入硫酸锰 $MnSO_4$ 和 NaOH，水中的 O_2 将 Mn^{2+} 氧化成水合氧化锰($MnO(OH)_2$)棕色沉淀,将水中全部溶解氧固定起来;在酸性条件下,($MnO(OH)_2$)与 KI 作用,释放出等化学计量的 I_2;然后,以淀粉为指示剂,用 $Na_2S_2O_3$ 标准溶液滴定至蓝色消失,指示终点到达。根据 $Na_2S_2O_3$ 标准溶液的消耗量,计算水中 DO 的含量。其主要反应如下:

$$Mn^{2+} + 2OH^- = Mn(OH)_2 \downarrow$$
（白色）

$$Mn(OH)_2 + \frac{1}{2}O_2 = (MnO(OH)_2) \downarrow$$
（棕色）

$$(MnO(OH)_2) + 2I^- + 4H^+ = Mn^{2+} + I_2 + 3H_2O$$

$$I_2 + 2S_2O_3{}^{2-} = 2I^- + S_4O_6{}^{2-}$$

DO 含量的计算公式为：

$$DO(mgO_2/L) = (C \times V \times 8 \times 1000)/V_{水}$$

式中 DO—— 水中溶解氧（mgO_2/L）；

C——硫代硫酸钠标准溶液的浓度（$Na_2S_2O_3$ mol/L）；

V—— $Na_2S_2O_3$标准溶液的消耗量（mL）；

8 —— 氧的摩尔质量（$\frac{1}{2}$O，g/mol）；

$V_{水}$—— 水样的量（mL）。

说明几个问题：

①碘量法测定 DO，适用于清洁的地面水和地下水。

②水样中如有 Fe^{2+}、Fe^{3+}、S^{2-}、$NO_2{}^-$、$SO_3{}^{2-}$、Cl_2及各种有机物等氧化还原性物质时，将影响测定结果。其中氧化性物质可使用碘化物游离出 I_2，产生正干扰；某些还原性物质把 I_2还原成 I^-，产生负干扰。所以大部分受污染的地面水和工业废水中 DO 的测定，必须采用修正的碘量法或者膜电极法测定。

③当水样中 $NO_2^- > 0.05$mg/L，$Fe^{2+} < 1$mg/L 时，NO_2^- 干扰测定。NO_2^- 在酸性溶液中，会与 I^- 作用放出 I_2和 N_2O_2，而引入一定误差。如果 N_2O_2与新溶液中的 O_2继续作用，又形成 NO_2^-，并又将释放出更多的 I_2，如此循环，将引起更大误差。反应方程式如下：

$$2NO_2{}^- + 2I^- + 4H^+ \rightarrow I_2 + N_2O_2 + 2H_2O$$

$$2N_2O_2 + 2H_2O + O_2 \rightarrow N_2 \uparrow + N_2O + H_2O$$

④水样中同时有 Fe^{2+}、S^{2-}、$NO_2{}^-$、$SO_3{}^{2-}$等还原性物质时，且 Fe^{2+}的浓度>1mg/L 时，采用 $KMnO_4$修正法。即：水样预先在酸性条件下，用 $KMnO_4$处理，剩余的 $KMnO_4$再用 $H_2C_2O_4$除去。

⑤水样中干扰物质较多，色度又高时，采用碘量法有困难，可用膜电极法测定。氧敏感薄膜电极检测部件由原电池型 Ag-Pt 电极组成，其电解质溶液为 1mg/L KOH，膜由聚氯乙烯或者聚四氟乙烯制成。其测定原理是：将膜电极置于水样中，其中可溶解性杂质和水不能通过薄膜，只有 O_2和其他气体通过薄膜，进入检测部件并与电极发生化学反应，O_2在电极上还原，产生微弱的扩散电流。回路中有电流产生，其电流大小与水中 DO 成正比，据此即可求得 DO 的含量。

该方法操作简便快速，可以进行连续检测，适合现场测定。

5.3.3 仪器与试剂

（1）溶解氧瓶：250～300mg。

（2）硫酸锰溶液：溶解 480g$MnSO_4 \cdot 4H_2O$ 或者 400g$MnSO_4 \cdot 2H_2O$ 于蒸馏水中，过滤并稀释至 1L。

(3)碱性碘化钾溶液:溶解 500gNaOH 于 300～400mL 水中,冷却;另溶解 150gKI 于200mL 蒸馏水中;合并两溶液,混匀,用蒸馏水稀释至 1L。如有沉淀,则放至过夜后,倾倒出上清液,贮于棕色瓶中,用橡皮塞塞紧,避光保存。此溶液酸化后,遇淀粉不呈蓝色。

(4)1%(m/v)淀粉溶液:称取 1.0g 可溶性淀粉以少量蒸馏水调成糊状,加入沸蒸馏水至100mL,混匀。为防腐,冷却后可加入 0.1g 水杨酸或者 0.4g 氯化锌。

(5)重铬酸钾标准溶液($1/6K_2Cr_2O_7$=0.0250mol/L):称取 1.2258g 优级纯重铬酸钾(预先在120℃下烘 2h,干燥器中冷却后称重),用少量水溶解,转入 1000mL 容量瓶中,稀释至刻度。

(6)硫代硫酸钠溶液:称取 6.25g$Na_2S_2O_3 \cdot 5H_2O$ 溶于煮沸放冷的水中,加 0.2gNa_2CO_3,用蒸馏水稀释至 1000mL,贮于棕色瓶中。此溶液约为 0.025mol/L。

标定:取 10.00mL0.0250mol/L 的 $K_2Cr_2O_7$ 标准溶液放入碘量瓶中,加入 50mL 水和 1g 碘化钾,5mL(1+5)硫酸溶液,放置 5 分钟后,用待标定的 $Na_2S_2O_3$ 标准储备溶液滴定至淡黄色,加入 1mL1%淀粉,继续滴定至蓝色刚好变为亮绿色(Cr^{3+} 的颜色)为止,记录用量 V。则 $C_{(Na_2S_2O_3)}$ 的计算公式为:
计算:

$$C_{(Na_2S_2O_3)}(mol/L)=[C_{(K_2Cr_2O_7)}\times 25.0]/V \qquad (5-8)$$

式中 $C_{(Na_2S_2O_3)}$—— 硫代硫酸钠标准溶液的浓度(mol/L);

$C_{(K_2Cr_2O_7)}$—— 重铬酸钾标准溶液的浓度($1/6K_2Cr_2O_7$ mol/L);

V—— 硫代硫酸钠标准溶液用量(mL);

25.0 ——吸收重铬酸钾标准溶液的体积(mL)。

0.0100mol/L $Na_2S_2O_3$ 标准溶液的配制:吸收 50.0mL 已经标定的 0.10mol/L $Na_2S_2O_3$ 溶液,放入 500mL 容量瓶中,用蒸馏水稀释至刻度。

5.3.4 实验内容

1.溶解氧的固定

(1)水样采集:用水样冲洗溶解氧瓶之后,沿瓶壁直接注入水样或者用虹吸法将细玻璃管插入溶解氧瓶底部,注入水样溢流出瓶容积的 1/3～1/2 左右,迅速盖上瓶塞。取样时绝对不能使采集的水样与空气接触,且在瓶口不能留有空气泡,否则另行取样。

(2)溶解氧的固定。

①取样后,立即用吸量管加入 1mL 硫酸锰溶液。加注时,应将移液管插入溶解氧瓶的液面下,切勿将吸量管中空气注入瓶内。

②按上法,加入 2mL 碱性碘化钾溶液。

③盖紧瓶塞(注意:瓶中绝不可留有气泡)颠倒混合 3 次,静置。待生成棕色沉淀降至瓶一半深度时,再次颠倒混合均匀①。

2.溶解氧的测定

(1)将溶解氧瓶再次静置,使沉淀又降至瓶内一半。

(2)析出碘。

---

① 水样中溶解氧固定后,可保持数小时而不影响测定结果。如现场不能滴定,可带回实验室进行。一般生成的沉淀棕色越深,表明溶解氧越多。

轻轻打开瓶塞，立即用移液管插入液面下加入2.0mL(1+5)硫酸，小心盖好瓶塞[①]。颠倒混合摇匀，至沉淀物全部溶解为止。放置暗处5分钟。

(3)滴定。

吸取25.00mL上述水样2份，放入250mL锥形瓶中，用$Na_2S_2O_3$标准溶液滴定至溶液呈淡黄色，加入1mL淀粉指示剂，继续滴定至蓝色刚刚变为无色，即为终点。记录用量。

(4)计算。

$$DO(mgO_2/L)=[C_{(Na_2S_2O_3)}\times V_{(Na_2S_2O_3)}\times 8\times 1000]/V_{水} \qquad (5-8)$$

式中 $C_{(Na_2S_2O_3)}$—— 硫代硫酸钠标准溶液的量浓度($Na_2S_2O_3$ mol/L)；

$V_{(Na_2S_2O_3)}$—— 硫代硫酸钠标准溶液用量(mL)；

8 ——氧的摩尔质量($\frac{1}{2}$O，g/mol)；

$V_{水}$—— 水样的体积(mL)。

5.3.5 实验数据记录整理及问题讨论

(1)实验数据记录整理(见表5-3)。

表5-3 溶解氧测定结果记录

水样编号		1	2
滴定	滴定管终读数(mL)		
	滴定管始读数(mL)		
$Na_2S_2O_3$标液用量(mL)			

(2)问题讨论。

①在水样中，有时加入$MnSO_4$和碱性KI溶液后，只生成白色沉淀，是否还需要继续滴定？为什么？

②如果水样中NO_2^-的含量大于0.05mg/L，Fe^{3+}的含量小于1mg/L时，测定水中溶解氧应采用什么方法好？

③碘量法测定水中余氯、DO时，淀粉指示剂加入先后次序对滴定有何影响？

5.3.6 拓展性实验内容

准备不同污染程度的水样，测定水样的溶解氧，然后将水样放置于20℃的培养箱中，5天后，测定水样剩余的溶解氧浓度，比较不同水样的耗氧量(BOD5)，掌握BOD5对水样的意义。

5.4 水中余氯的测定——氧化还原滴定法

饮用水氯消毒中以液氯为消毒剂时，液氯与水中细菌等微生物作用后，剩余在水中的氯量称为余氯，是水中微生物指标之一。我国饮用水的出厂水要求游离性余氯>0.3mg/L，管网水中游离性余氯>0.05 mg/L。

① 加入H_2SO_4后，盖上瓶塞时，会溢出少量液体。但由于溶解氧已被固定，生成沉淀在瓶底部，故不影响测定结果。

5.4.1 实验目的

(1)学会硫代硫酸钠 $Na_2S_2O_3$ 标准溶液的配置和标定方法;

(2)掌握碘量法测定水中余氯的原理和方法。

5.4.2 实验原理

水中余氯在酸性溶液中与 KI 作用,释放出等化学计量的碘(I_2),以淀粉为指示剂,用 $Na_2S_2O_3$ 标准溶液滴定至蓝色消失。由 $Na_2S_2O_3$ 标准溶液的用量和浓度求出水中的余氯。主要反应如下:

$$2KI + 2CH_3COOH \rightarrow 2CH_3COOK + 2HI$$

$$2HI + HOCl \rightarrow I_2 + HCl + H_2O$$

$$(\text{或者 } 2HI + Cl_2 \rightarrow 2HCl + I_2)$$

$$\varphi^{\theta}_{HOCl/Cl^-} = 1.49V \qquad \varphi^{\theta}_{I_2/I^-} = 0.545V$$

$$I_2 + 2Na_2S_2O_3 \rightarrow 2NaI + Na_2S_4O_6$$

$$\varphi^{\theta}_{S_4O_6^{2-}/S_2O_3^{2-}} = 0.08V$$

本法测定值为总氯,包括 $HOCl$、OCl^-、NH_2Cl、$NHCl_2$ 等。

5.4.3 仪器与试剂

(1)碘量瓶(250mL)。

(2)碘化钾(要求不含游离碘和碘酸钾)。

(3)(1+5)硫酸溶液。

(4)0.1mol/L 硫代硫酸钠标准储备溶液:称取 25.0g 分析纯硫代硫酸钠 $Na_2S_2O_3 \cdot 5H_2O$,溶于已煮沸放冷的蒸馏水中,并稀释至 1000mL。加入 0.2g 无水 Na_2CO_3 和数粒碘化汞,贮于棕色瓶内,可保存数月。此溶液约 0.10mol/L。

(5)重铬酸钾标准溶液($1/6K_2Cr_2O_7$=0.0250mol/L):称取 1.2258g 优级纯重铬酸钾(预先在120℃下烘 2h,干燥器中冷却后称重),用少量水溶解,转入 1000mL 容量瓶中,稀释至刻度。

(6)1%淀粉溶液:称取 1.0g 可溶性淀粉以少量蒸馏水调成糊状,加入沸蒸馏水至 100mL,混匀。为了防腐,冷却后可加入 0.1g 水杨酸或 0.4g 氯化锌。

(7)乙酸盐缓冲溶液(pH=4):称取 146g 无水 NaAc(或 243gNaAc·$3H_2O$)溶于水中,加入 457mLHAc,用水稀释至 1000mL。

5.4.4 实验内容

1. 0.10 mol/L 硫代硫酸钠标准储备溶液的标定

吸取 20.00mL 重铬酸钾标准溶液 3 份,分别放入碘量瓶中。加入 50mL 水和 1g 碘化钾,5mL(1+5)硫酸溶液,放置 5min 后,用待标定的 $Na_2S_2O_3$ 标准储备溶液滴定至淡黄色,加入 1mL1%淀粉,继续滴定至蓝色刚好变为亮绿色(Cr^{3+} 的颜色)为止,记录用量(V_{1-1}、V_{1-2}、V_{1-3})。则

$$C_{Na_2S_2O_3}(\text{mol/L}) = \frac{C_{K_2Cr_2O_7} \times 25.0}{V_1} \tag{5-9}$$

式中 $C_{Na_2S_2O_3}$—— 硫代硫酸钠标准溶液的浓度(mol/L)；

$C_{K_2Cr_2O_7}$—— 重铬酸钾标准溶液的浓度($1/6K_2Cr_2O_7$,mol/L)；

V_1—— 硫代硫酸钠标准溶液用量(mL)；

25.0 ——吸取重铬酸钾标准溶液的体积(mL)。

0.0100mol/L$Na_2S_2O_3$标准溶液的配制：吸取 25.0mL 已标定 0.10mol/L 的 $Na_2S_2O_3$ 溶液，放入 250mL 容量瓶中，用蒸馏水稀释至刻度。

2.水样的测定

(1)用移液管吸取 3 份 100mL 水样(如含量小于 1mg/L 时，可适当多取水样)，分别放入 300mL 碘量瓶内，加入 0.5gKI 和 5mL 乙酸盐缓冲溶液(pH 值应为 3.5～4.2，如大于此 pH 值，继续调至 pH≈4，再滴定)。

(2)用 0.0100mol/L $Na_2S_2O_3$ 标准溶液滴定至淡黄色[①]，加入 1mL 淀粉溶液，继续滴定至蓝色消失，记录用量(V_{2-1}、V_{2-2}、V_{2-3})，则

$$总余氯(Cl_2, mg/L) = \frac{C_{Na_2S_2O_3} V_2 \times 35.453 \times 1000}{V_{水}} \qquad (5-10)$$

式中 $C_{Na_2S_2O_3}$—— 硫代硫酸钠标准溶液的浓度(mol/L)；

V_2—— 硫代硫酸钠标准溶液用量(mL)；

$V_{水}$—— 水样体积(mL)；

35.453 ——氯的摩尔质量($1/2Cl_2$,g/mol)。

5.4.5 实验数据记录整理及问题讨论

(1)实验数据记录整理(见表 5-4)。

表 5-4 水中余氯测定结果记录

实验编号	1	2	3
标定 $Na_2S_2O_3$ 储备溶液	V_{1-1}	V_{1-2}	V_{1-3}
滴定管终读数(mL)			
滴定管初读数(mL)			
$Na_2S_2O_3$ 储备溶液用量(mL)			
V_1 平均值			
水样测定	V_{2-1}	V_{2-2}	V_{2-3}
滴定管终读数(mL)			
滴定管初读数(mL)			
$Na_2S_2O_3$ 标准溶液用量(mL)			
V_2 平均值			

① $Na_2S_2O_3$标准溶液滴定前，溶液呈棕色，I_2量较多。此时加入淀粉指示剂，I_2与淀粉生成的深蓝色吸附化合物不易褪色，终点变色不敏锐。先滴定至溶液呈淡黄色，I_2较少，再加淀粉指示剂，则使滴定终点时溶液由明显的蓝色变为无色。

(2)问题讨论。

①饮用水出厂水和管网水中为什么必须含有一定量的余氯？

②滴定反应为什么必须在 pH≈4 的弱酸性溶液中进行？

5.4.6 拓展性实验内容

针对一些自来水脱氯实际使用要求，在试验中增加粉末活性炭脱氯效果内容。水样可以采用市政自来水，按照余氯∶活性炭＝1∶10 的比例投加 200 目粉末活性炭，50 转/min 搅拌 10 分钟后，静沉 15 分钟后用 0.45μm 滤纸过滤，检测吸附前后余氯浓度的变化。

5.5 化学需氧量的测定——重铬酸钾法

化学需氧量 COD 是水中有机物污染综合指标之一。

5.5.1 实验目的

(1)学会硫酸亚铁铵标准溶液的标定方法；

(2)掌握水中 COD 的测定原理和方法。

5.5.2 实验原理

化学需氧量(Chemical Oxygen Demand，COD)是水中有机污染综合指标之一，是在一定条件下，水中能被 $K_2Cr_2O_7$ 氧化的有机物质的总量，以 mg O_2/L 表示。

水样在强酸性条件下，过量的 $K_2Cr_2O_7$ 标准溶液与水中有机物等还原性物质反应后，以试亚铁灵为指示剂，用硫酸亚铁铵 $(NH_4)_2Fe(SO_4)_2$ 标准溶液返滴剩余的 $K_2Cr_2O_7$，计量点时，溶液由浅蓝色变为红色是滴定终点，根据 $(NH_4)_2Fe(SO_4)_2$ 标准溶液的用量求出化学需氧量(COD，mgO_2/L)。反应式如下(令 C 表示水中有机物等还原性物质)：

$2Cr_2O_7^{2-} + 3C + 16H^+ \rightarrow 4Cr^{3+} + 3CO_2 + 8H_2O$

(过量)　　(有机物)

$Fe^{2+} + Cr_2O_7^{2-} + 14H^+ \rightarrow Fe^{3+} + 2Cr^{3+} + 7H_2O$

　　(剩余)

计量点时　$Fe(C_{12}H_8N_2)_3^{3+} \rightarrow Fe(C_{12}H_8N_2)_3^{2+}$

　　(蓝色)　　　(红色)

由于 $K_2Cr_2O_7$ 溶液呈橙黄色，还原产物 Cr^{3+} 呈绿色，所以用 $(NH_4)_2Fe(SO_4)_2$ 溶液返滴定过程中，溶液的颜色变化是逐渐由橙黄色—蓝绿色—蓝色，滴定终点时立即由蓝色变为红色。

同时取无有机物蒸馏水做空白试验。

计算公式为：

$$COD(mgO_2/L) = \frac{(V_0 - V_1) \times C \times 8 \times 1000}{V_{水}} \tag{5-11}$$

式中 V_0——空白试验消耗 $(NH_4)_2Fe(SO_4)_2$ 标准溶液的量(mL)；

V_1——滴定水样时消耗 $(NH_4)_2Fe(SO_4)_2$ 标准溶液的量(mL)；

C——硫酸亚铁铵标准溶液的浓度($(NH_4)_2Fe(SO_4)_2$，mol/L)；

8——氧的摩尔质量(1/2 O,g/mol);

$V_{水}$——水样的量(mL)。

应该指出,在滴定过程中,所用 $K_2Cr_2O_7$ 标准溶液的浓度是 1/6$K_2Cr_2O_7$ mol/L。

5.5.3 仪器与试剂

1. 仪器

(1)回流装量:250mL 或 500mL 磨口三角瓶回流冷凝器,电炉,玻璃珠若干。

(2)酸式滴定管 50mL。

2. 试剂

(1)重铬酸钾标准溶液(1/6$K_2Cr_2O_7$ = 0.2500mol/L);称取 12.2579g 优级纯或分析纯 $K_2Cr_2O_7$(在 120℃烘干 2h,干燥器冷却后称重)溶于水中,移入 1000mL 容量瓶中,并用蒸馏水稀释至刻度,摇匀。

(2)硫酸亚铁铵标准溶液[$(NH_4)_2Fe(SO_4)_2 \cdot 6H_2O$≈0.25mol/L]:称取 98.0g 分析纯硫酸亚铁铵溶液于蒸馏水中,搅拌下缓慢加入 20 mL 浓 H_2SO_4,冷却后,用蒸馏水稀释至 1L,摇匀。此溶液的浓度约为 0.25mol/L。使用前标定其准确浓度。

(3)试亚铁灵指示剂:称取 1.485g 邻二氮菲或邻菲罗啉($C_{12}H_8N_2 \cdot H_2O$)及 0.695g $FeSO_4 \cdot 7H_2O$溶于蒸馏水中,稀释至 100mL,贮于棕色瓶内。

(4)Ag_2SO_4-H_2SO_4溶液:称取 13.33g Ag_2SO_4加入 1L 浓 H_2SO_4中(此溶液 75mL 中含有 1g Ag_2SO_4),放置 1~2d,不时摇动使其溶解。

(5)$HgSO_4$结晶或粉末。

(6)无有机物蒸馏水:将含有少量 $KMnO_4$ 的碱性溶液的蒸馏水再蒸馏即得(蒸馏过程中水应始终保持红色,否则应及时补加 $KMnO_4$)。

5.5.4 实验内容

1. 硫酸亚铁铵溶液的标定

准确吸取 25.00mL0.2500mol/L 重铬酸钾溶液(1/6$K_2Cr_2O_7$)于 500mL 锥形瓶中,加蒸馏水至 250mL 左右,缓慢加入 20mL 浓 H_2SO_4 混匀。冷却后加 2 滴试亚铁灵试剂(约 0.10mL),用硫酸亚铁铵溶液滴定至溶液由橙黄色经蓝绿色渐变到蓝色后,立即转为棕红色即为终点。记录硫酸亚铁铵溶液用量($V_{标}$,mL)。共做 3 份。计算公式为

$$C_{(NH_4)_2Fe(SO_4)_2} = \frac{0.2500 \times 25.00}{V_{标}} \tag{5-12}$$

式中 $C_{(NH_4)_2Fe(SO_4)_2}$—— 硫酸亚铁铵标准溶液的浓度(mol/L);

$V_{标}$ —— 标定时硫酸亚铁铵溶液用量(mL)。

2. 水样的测定——回流法

(1)吸取 50.00 mL 的均匀水样(或吸取适量的水样用蒸馏水稀释至 50.00 mL,其中 COD 值为 50~900 mgO_2/L,放入 500mL 磨口回流锥形瓶中。

(2)加数粒玻璃珠、1g$HgSO_4$,缓慢地加入 5.0mLAg_2SO_4-H_2SO_4 溶液,摇动混匀使 Ag_2SO_4溶解。

(3)准确加入 25.00mL$K_2Cr_2O_7$标准溶液(1/6$K_2Cr_2O_7$=0.2500mol/L),连接磨口回流冷

凝管，自冷凝管的开口端缓慢加入 70mLAg_2SO_4-H_2SO_4溶液，加热回流 2h。

(4)冷却后，先用 25mL 蒸馏水冲洗冷凝管壁，取下锥形瓶，再用蒸馏水稀释至 350mL（溶液总体积不得少于 350mL，否则因 pH 太低，终点不明显）。

(5)加 2 滴试亚铁灵指示剂，用硫酸亚铁铵标准溶液滴定至溶液由黄色经蓝绿色渐变为蓝色后，立即转为棕红色即为终点。记录$(NH_4)_2Fe(SO_4)_2$标准溶液的用量(V_1，mL)。共做 2 个平行样。

(6)同时以 50.00 mL 蒸馏水作空白，其操作步骤与水样相同，记录消耗的 $(NH_4)_2Fe(SO_4)_2$标准溶液的用量(V_0，mL)。

(7)计算。

$$\mathrm{COD}(O_2\,mg/L)=\frac{(V_0-V_1)\times C\times 8\times 1000}{V_{水}} \tag{5-13}$$

式中 V_1——滴定水样时消耗$(NH_4)_2Fe(SO_4)_2$标准溶液的量(mL)；

V_0——空白试验消耗$(NH_4)_2Fe(SO_4)_2$标准溶液的量(mL)；

C——硫酸亚铁铵标准溶液的浓度($(NH_4)_2Fe(SO_4)_2$，mol/L)；

8——氧的摩尔质量($\frac{1}{2}$ O，g/mol)；

$V_{水}$——水样的量(mL)。

如果水样中 COD 值＜50mgO_2/L 时，除了采用重铬酸钾标准溶液($1/6K_2Cr_2O_7$＝0.2500mol/L)消化和 0.025mol/L$(NH_4)_2Fe(SO_4)_2$溶液返滴之外，其他均按上述方法操作。

5.5.5 实验数据记录整理及问题讨论

(1)实验数据记录整理(见表 5-5)。

表 5-5 化学需氧量测定结果记录

实验编号	1	2	3
$(NH_4)_2Fe(SO_4)_2$溶液标定	$V_{标-1}$	$V_{标-2}$	$V_{标-3}$
滴定管终读数(mL)			
$V_{(NH_4)_2Fe(SO_4)_2}$ (mL)			
$C_{(NH_4)_2Fe(SO_4)_2}$ (mol/L)			
水样测定	V_{1-1}	V_{1-2}	V_0
滴定管终读数(mL)			
滴定管初读数(mL)			
$V_{(NH_4)_2Fe(SO_4)_2}$ (mL)			
$C_{(NH_4)_2Fe(SO_4)_2}$ (mol/L)			
COD(mgO_2/L)			

(2)写出实验报告。

(3)问题讨论。

①水中高锰酸钾指数与化学需氧量 COD 有何异同？

②COD 的计算公式中，为什么用空白值(V_0)减水样值(V_1)？

5.6 水中微量铁的测定——邻菲罗啉分光光度法

5.6.1 实验目的

(1)掌握用吸光光度法测定铁的原理及方法;了解分光光度计的结构及使用;

(2)学习正确绘制邻菲罗啉—铁的标准曲线,理解最大吸收波长的意义。

5.6.2 实验原理

亚铁在 pH=3~9 之间的溶液中,与邻菲罗啉生成稳定的橙色络合物。此化合物在避光时稳定半年。测量波长为 510 nm,摩尔吸光系数为 1.1×10^4 L/mol·cm。若用还原剂将 Fe^{3+} 还原为 Fe^{2+},则本法测得为总铁含量。

5.6.3 干扰与消除

强氧化剂、氰化物、亚硝酸盐、磷酸盐及某些重金属离子干扰测定。经过加酸煮沸可将氰化物及亚硝酸盐除去,并使焦磷酸等转化为正磷酸盐以减轻干扰。加入盐酸羟胺则可消除强氧化剂的影响。

邻菲罗啉能与某些重金属离子形成有色络合物而干扰测定。但在乙酸—乙酸铵的缓冲溶液中,不大于铁浓度 10 倍的铜、锌、钴、铬及小于 2mg/L 的镍,不干扰测定。当浓度再高时,可加入过量显色剂予以消除。汞、镉、银能与邻菲罗啉形成沉淀,若浓度低时,可加过量邻菲罗啉来消除;浓度高时,可将沉淀过滤除去。水样有底色,可用不加邻菲罗啉的试液作参照,对水样的底色进行校正。

5.6.4 仪器及试剂

(1)50mL 比色管,1cm 比色皿。

(2)分光光度计。

(3)铁标准贮备液:称取 0.7020g 硫酸亚铁铵[$(NH_4)_2Fe(SO_4)_2\cdot6H_2O$],溶于 20 mL(1+1)盐酸中,溶解后移至 1000 mL 容量瓶中,加蒸馏水至刻度线,摇匀。此溶液滴定度 $T_{Fe^{2+}}=100\mu g/mL$。

(4)铁标准使用液:准确移取 25.00mL 铁标准贮备液,置 100mL 容量瓶中,加蒸馏水至标线,摇匀。此溶液滴定度 $T_{Fe^{2+}}=25.0\mu g/mL$。

(5)1.5g/L 邻菲罗啉水溶液:加数滴盐酸帮助溶解,贮于棕色试剂瓶内(配制 100mL)。

(6)100g/L 盐酸羟胺($NH_2OH\cdot HCl$)水溶液:称取 10g 盐酸羟胺,溶于蒸馏水中并稀释至 100mL。

(7)3mol/L(1+3)盐酸溶液。

(8)乙酸盐缓冲溶液(pH=4.6):称取 68g 无水乙酸钠(或 112.8g $NaAc\cdot3H_2O$)溶于水中,加入 29mL 冰乙酸,用蒸馏水稀释至 1000 mL。

(9)0.1mol/LNaOH 溶液。

(10)含铁水样(总铁含量在 0.30~1.40mg/L)。

5.6.5 实验步骤

1. 校准曲线的绘制

取 50mL 比色管 8 个，分别加入 $T_{Fe^{2+}}=25.0\mu g/mL$ 铁标准使用溶液 0.00、0.50、1.50、3.00、6.00、8.00mL，分别放入 50mL 比色管中。各加 3mol/L(1＋3)盐酸 1mL，盐酸羟胺溶液 1mL，混匀。静置 2min 后，加一小片刚果红试纸，滴加 0.1mol/LNaOH 钠溶液至试纸刚刚变红，再各加 5mL 缓冲溶液，0.15％邻菲罗啉 2mL，加蒸馏水 50mL 至刻度线，摇匀。显色 10min 后，用 1cm 比色皿，以水为参比，在 510nm 处测量吸光度，根据经过"空白校正"的吸光度—铁含量绘制校准曲线。

2. 水样中总铁的测定

取 25.0mL 混匀水样置 50mL 锥形瓶中，加 3mol/L 盐酸和盐酸羟胺各 1mL，混匀。静置 2min 后，以下按绘制校准曲线同样操作，测量吸光度并做空白校正。计算公式为：

$$c(Fe^{2+})=\frac{m}{V} \tag{5-14}$$

式中 m —— 由水样的校正吸光度，从标准曲线上查得的铁含量(μg)；

V —— 水样体积(mL)。

5.6.6 实验数据记录整理及问题讨论

1. 实验数据记录整理

数据处理，绘制标准曲线，从标准曲线上查到铁含量。

2. 问题讨论

(1)为什么要用试剂空白作参比溶液？参比溶液的作用是什么？

(2)溶液酸度对测定有何影响？

(3)制作标准曲线和进行其他条件实验时，加入试剂的顺序能否任意改变？为什么？

5.6.7 拓展性实验内容

1. 显色条件确定

实验方案设计可参照如下步骤进行：

(1)根据实验目的要求，准备实验所需要的仪器和试剂，并配制标准溶液。

(2)设计出显色的选择。

①确定显色反应的酸度；

②确定显色剂的用量；

③确定显色反应的时间。

(3)制作吸收曲线确定测量波长。

(4)分析实验结果，对实验结果进行评价。

(5)根据所选择出的适宜的显色剂用量、显色的酸度范围、显色反应的稳定时间及测量波长等条件，测定地表水中的总铁含量、亚铁含量。

2. 氧化除铁机理

在准备含铁水样时，可以人为调配二价铁和三价铁的含量，通过还原剂的投加与否，分别测定二价铁、总铁的浓度，使学生了解氧化过滤除铁的过程。

第6章 工程流体力学和流体机械实验

6.1 流体力学实验基础知识

实验课目的是使学生巩固和验证所学的知识，规范实验方法和训练基本实验技能，养成严肃认真、实事求是的科学态度和作风，并培养处理实验数据、分析实验结果、书写实验报告的能力。

本实验是用于“工程流体力学”和“流体机械”等课程。

在工程流体力学的实验项目中，主要是其分支之一——水力学方面的实验；另有专门水力学、气体力学方面的实验。流体机械的实验项目则包括泵与通风机的实验。根据不同专业的要求而对实验项目有所选择。

工程流体力学和流体机械都是应用科学，其发展同样体现了理论与实践相结合的辩证关系。而实验则是在特定条件下的实践。由于流体的运动非常复杂，常常是用实验的方法把自然现象在实验室内重复进行，观察其中物理本质，用实验来验证和发展理论，指导实践，解决实际问题。而实践上升到理论又为实验提供了发展趋向。故实验在发展理论和解决实际问题中是很重要的一种手段。

实验结果的准确决定于测量仪器设备的精确性、高度的实验技术及实事求是的科学态度和作风。

有关每个实验的工作原理等将在各实验中分别介绍，这里仅就一些常见的共同性的问题作一说明：

(1)认为实验中的工作液体——水是不可压缩的，即 $v = 9807$ 牛顿/米^3＝常数。

(2)水的粘性系数随温度而变，通常使用的是运动粘性系数 $v = \frac{\mu}{\rho}$（μ 为水的动力粘性系数，ρ 为水的密度）。

(3)流体的压力是采用测压管来测量，读数据应正视测压管的液柱面（如水的自由表面），准确读数。因数据在大多数情况下仅读取其压差值，此时可不考虑测压管的毛细现象对读取数据的影响。

(4)液体流量的测定，通常在实验中采用下列方法：

①体积法：用量水桶和秒表来测定；

②重量法：用盛水桶磅秤和秒表来测定，也可用电子秤；

③差压法：用文德里管、毕托管、管中孔板或管嘴等来测定；

④堰流体：利用各种形式的水堰来测定，本室多用三角形量水堰，如图 6－1 所示。

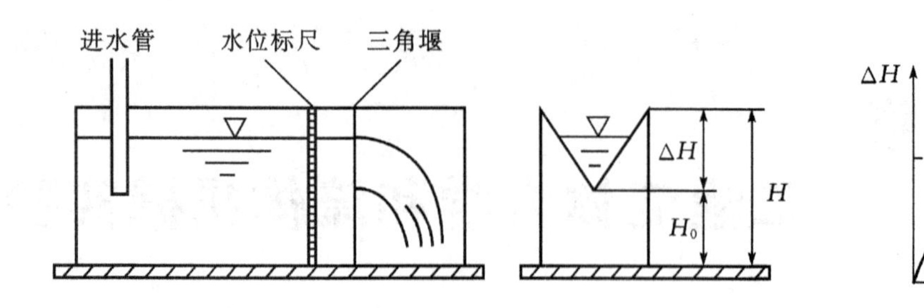

图 6-1　三角形量水堰

三角堰堰顶水位 H_0 及水位 H 用水位标尺读出。

当已知三角堰水头 $\Delta H = H - H_0$，可根据以下方法决定流量：

①根据 $Q = f(\Delta H)$ 关系曲线图查得(见图 6-1)；

②根据公式 $Q = 1.40\,(\Delta H)^{2.5}$ 或 $Q = 1.343\,(\Delta H)^{2.47}$ 计算得到。

应当指出，差压法、堰流法是间接测量法，事先常用体积法或重量法来校正。

另外，当需记录单向水流管道内流量的总和(非瞬时流量)时，可采用叶轮湿式水表超声波流量计、涡轮流量计等；对测定非浑浊液体、气体流量，可采用转子流量计；对测量各种酸、碱溶液及含有纤维或固体悬浮导电液体的流量，可采用电磁流量计。

还可采用现代技术，如用恒温测速仪(缩写为 CTA，即热线流速仪)、激光多普勒测速仪，测定过流断面流速分布，得出流量。

(5)实验操作时应注意的几个问题。

①作稳定流情况下(运动要素不随时间变化)的各种实验，故需要有稳定的作用水头，流经实验设备时的水流是稳定流。

②在改变流量后，需经一段时间让水流稳定后，再读取实验数据(如读取量水堰的堰前水头等)，这是改变流量后的真正数据。

③管路及测压管中的空气应排尽，接头处不应漏气，测压管应通畅。

④对电器设备，应熟识后才可动手操作，注意安全用电。

⑤实验完成后关闭电源。

6.2　静水压力实验

6.2.1　实验目的

(1)测定静水中任一点的压力和真空值；

(2)测定有色液体的重率。

6.2.2　应用的仪器设备

静水压力实验器。

6.2.3　仪器设备简图

仪器设备简图如图 6-2 所示。

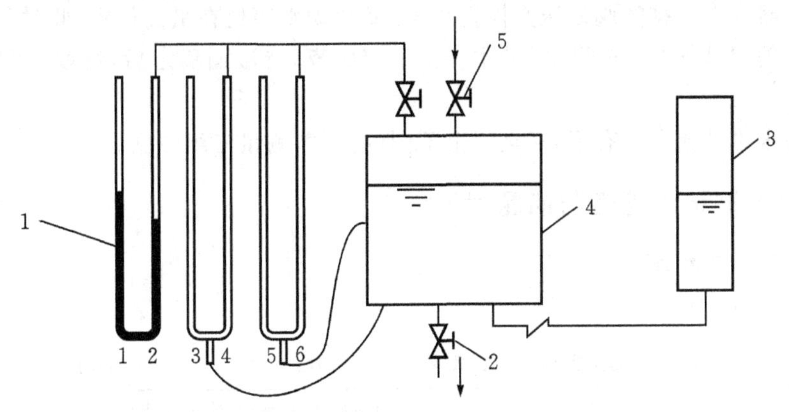

1—有色液体(酒精);2—排水阀;3—活动水箱;4—固定水箱;5—充水阀

图 6-2 仪器设备简图

6.2.4 实验原理

(1)容器内静水中任一点 K 处的静水压力 P_k:

$$P_K = P_0 + \gamma\Delta h = \gamma_1(h_1 - h_2) + \gamma\Delta h = \gamma(h_5 - h_4) + \gamma\Delta h$$

式中 P_K——K 点处静水压力(N/m^2);

P_0——容器 E 流体表面压力(N/m^2);

γ——容器 E 中液体的重率(N/m^3);

γ_1——U 形管内有色液体的重率(N/m^3);

h_1、h_5——上端开口通气的测压管读数(m);

h_2、h_4——上端通向容器空气室的测压管读数(m);

$$\Delta h = h_E - h_K$$

h_E——容器 E 液面读数(m);

h_K——K 点标高(m)。

(2)容器内静水中任一点 K 处的真空值 $P_{K真空}$:

$$P_{K真空} = |P_0| - \gamma\Delta h = \gamma_1(h_2 - h_1) - \gamma\Delta h = \gamma(h_4 - h_5) - \gamma\Delta h$$

有色液体的重率 γ_1 为:

$$\gamma_1 = \frac{\gamma(h_5 - h_4)}{h_1 - h_2}$$

6.2.5 实验步骤

(1)测静水压力(或剩余压力),这时容器 E 液体表面压力 P_0>大气压力 P_a:

①打开容器上端的排气阀,观看各测压连通管内液面是否齐平,是否在同一个水平面上,如不齐平检查各管内是否阻塞,并加以疏通。

②关紧容器上端的排气阀,抬高活动水箱至一定的高度,待水面稳定后读出各处测压管内液面的水位。

③抬高活动水箱至三个不同的高度,测量三组数据。

(2)测真空值(或负压),这时容器 E 液体表面压力 P_0<大气压力 P_a:

①打开容器上端的排气阀使压力恢复正常,使活动水箱处在最高位置,此时各测压连通管液面应齐平。关闭排气阀,并下降活动水箱至一定距离,待液面稳定后,读取各测压管内液面的水位。

②在活动水箱被抬高状态下,降至三个不同的高度,测量三组数据。

6.2.6 实验数据记录整理与问题讨论

1. 实验数据记录整理

(1)测量数值见表 6-1。

表 6-1 测量数值　　固定数值:K 点高程 h_k=________(m)

项目	实测次数	测压管及容器液面水位读数				
		h_1 (m)	h_2 (m)	h_4 (m)	h_5 (m)	$h_{E(液面)}$ (m)
$P_0>P_a$	1					
	2					
	3					
$P_0<P_a$	1					
	2					
	3					

(2)计算数值见表 6-2。

表 6-2 计算数值

项目	实测次数	液面水位差值			静水压力			有色液体的重率
		h_1-h_2 (m)	h_E-h_K (m)	h_5-h_4 (m)	$P_0=\gamma(h_1-h_2)=\gamma(h_5-h_4)$ (N/m²)	$P_K=P_0+\gamma\Delta h$ (N/m²)	$P_{K真空}=\gamma(h_5-h_4)-\gamma\Delta h$ (N/m²)	$\gamma_1=\frac{\gamma(h_5-h_4)}{h_1-h_2}$ (N/m³)
$P_0>P_a$	1							
	2							
	3							
$P_0<P_a$	1							
	2							
	3							

2. 问题讨论

(1)在 6 个玻璃管中的液面,哪些是压力相等面?

(2)在连续的同一重力液体中任取两点,其中 $z+\frac{p}{\gamma}$ =常数,试用实验数据阐明这个规律。

(3)实测 K 点的压力及真空值时,为什么事前都将排气阀处于打开状态,然后再关闭?

6.3 伯努利方程式的验证

6.3.1 实验目的

(1)验证理想流体恒定元流伯努利方程,掌握其基本原理;

(2)绘制水头线,理解实际流体恒定总流伯努利方程基本原理,掌握其各种能量和压头的相互转换关系;

(3)掌握一种测定流体流速的方法。

6.3.2 应用的仪器设备

(1)伯努利方程实验仪一套(见图 6-3);

(2)测量秒表、直尺。

6.3.3 实验设备示意图

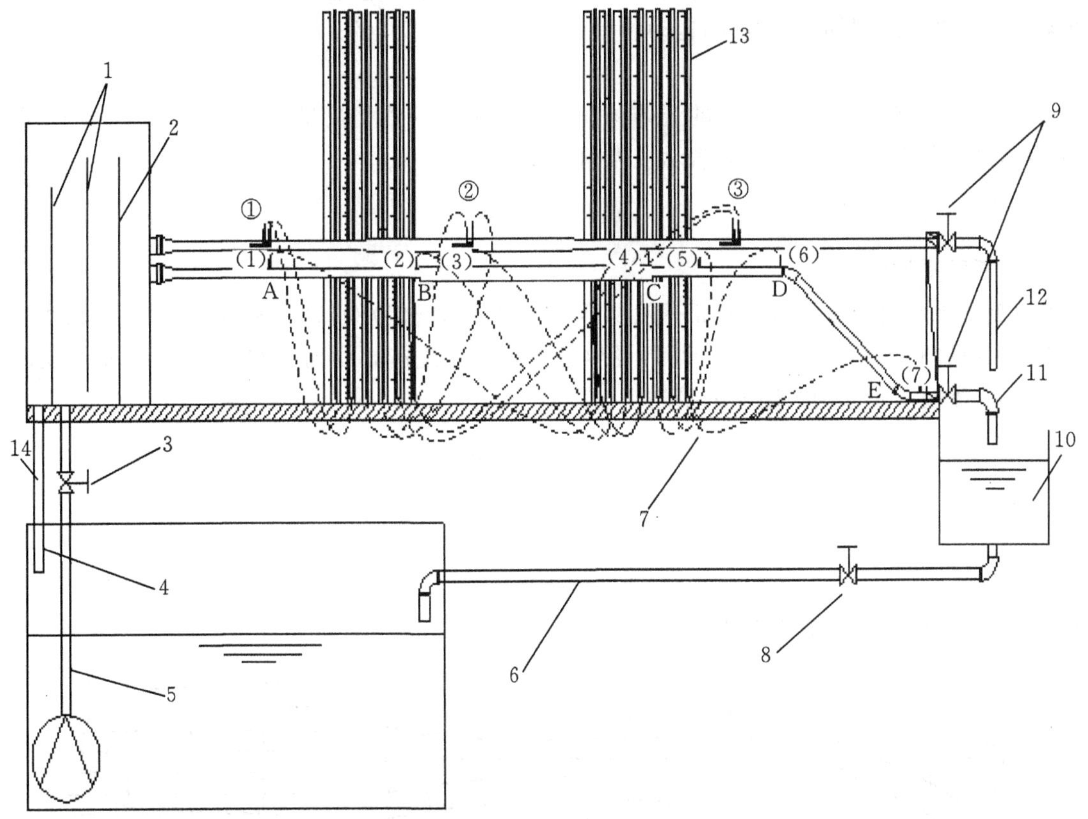

1—分隔板;2—水箱;3—水泵阀门;4—储水箱;5—水泵;6—排水管;7—测量台;
8—排水阀门;9—控制流量阀门;10—测量水箱;11—恒定总流伯努利方程验证管道;
12—恒定元流伯努利方程验证管道;13—测压管;14—溢流管

图 6-3 伯努利方程实验仪原理示意图

(注:(1)、(2)、(3)、(4)、(5)、(6)、(7)为恒定元流压力测试点;①②③为恒定总流压力测试点)

6.3.4 实验原理

1. 基本概念

(1)理想流体。

理想流体指无黏性而不可压缩的流体。

(2)流管和流束。

在流场中任取不与流线重合的封闭曲线,过曲线上各点作流线,所构成的管状表面称为流束(见图 6-4);因为流线不能相交,所以流体不能由流管壁出入。恒定流中流线的形状不随时间变化,所以恒定流流管、流束的形状也不随时间变化。

(3)过流断面。

在流束上作出的与流线正交的横断面是过流断面。过流断面相互平行的均匀流段,过流断面才是平面(见图 6-5)。

(4)元流和总流。

元流是过流断面无限小的流束,几何特征与流线相同。由于元流的过流断面无限小,断面上各点的运动参数(如位置高度、流速、压强)均相同。总流是过流断面为有限大小的流束,是由无数元流构成的,断面上各点的运动参数一般情况下是不同的。

(5)流量。

单位时间通过某一过流断面的流体体积称为该断面的体积流量,简称流量 Q (m^3/s),以 dA 表示过流断面的微元面积,u 表示该点的速度,则:

$$Q = \int_A u\,dA \tag{6-1}$$

(6)断面平均流速。

总流过流断面上各点的流速 u 一般是不相等的,以管流为例,管壁附近流速较小,轴线上流速最大(见图 6-6)。为了便于计算,设想过流断面上流速 u 均匀分布,通过的流量与实际流量相同,流速 u 定义为该断面的平均流速,即:

$$Q = \int_A u\,dA = uA \tag{6-2}$$

或

$$u = \frac{Q}{A} \tag{6-3}$$

式(6-2)是曲面积分的中值定理。

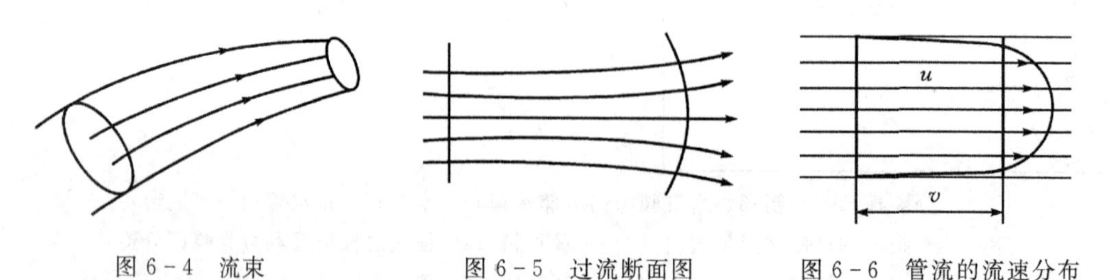

图 6-4 流束　　图 6-5 过流断面图　　图 6-6 管流的流速分布

(7)均匀流与非均匀流。

流线是相互平行的直线的流动称为均匀流。这里要满足两个条件,即流线既要相互平行,又必须是直线，其中有一个条件不能满足，这个流动就是非均匀流。均匀流的概念也可以表述为液体的流速大小和方向沿空间流程不变。流动的恒定、非恒定是相对时间而言的，均匀、非均匀是相对空间而言的；恒定流可是均匀流，也可以是非均匀流（如渐变流），非恒定流也是如此。

均匀流具有下列特征：

①过水断面为平面，且形状和大小沿程不变；

②同一条流线上各点的流速相同，因此各过水断面上平均流速 v 相等；

③同一过水断面上各点的测压管水头为常数（即动水压强分布与静水压强分布规律相同，具有 $Z+\dfrac{P}{\gamma}=C$ 的关系）。

2. 验证恒定元流伯努利方程

当理想流体在重力作用下稳定流动时，各空间点对应的位置、压强、流速，不随时间改变，一定元流上各点的量值满足：

$$z+\frac{p}{\gamma}+\frac{u^2}{2g}=C\,(\text{常量}) \tag{6-4}$$

或

$$z_1+\frac{p_1}{\gamma}+\frac{u_1^2}{2g}=z_2+\frac{p_2}{\gamma}+\frac{u_2^2}{2g} \tag{6-5}$$

式(6-4)称为理想恒定元流伯努利方程，其中 z 称为位置水头，表示单位重量流体所具有的位能；$\dfrac{p}{\gamma}$ 称为压强水头，表示单位重量流体所具有的压强势能（压能）；$\dfrac{u^2}{2g}$ 称为流速水头，表示单位重量流体所具有的动能；$H_p=z+\dfrac{p}{\gamma}$ 称为测压管水头，表示单位重量流体所具有的总势能；$H=z+\dfrac{p}{\gamma}+\dfrac{u^2}{2g}$ 称为总水头，表示单位重量流体所具有的机械能。图6-7为验证恒定元流伯努利方程的变径实验管道，为了尽量接近理想恒定流动状态，在变径管道连接处用渐扩管和渐缩管连接，尽量减少损失。为此，可以认为在实验管道中沿元流选取了一微元控制体，如图6-7所示，用毕托管来测定①～③的 H_p 值和 H 值，如果①～③的 H_p 值或 H 值相等或接近，我们就验证了理想恒定元流伯努利方程。

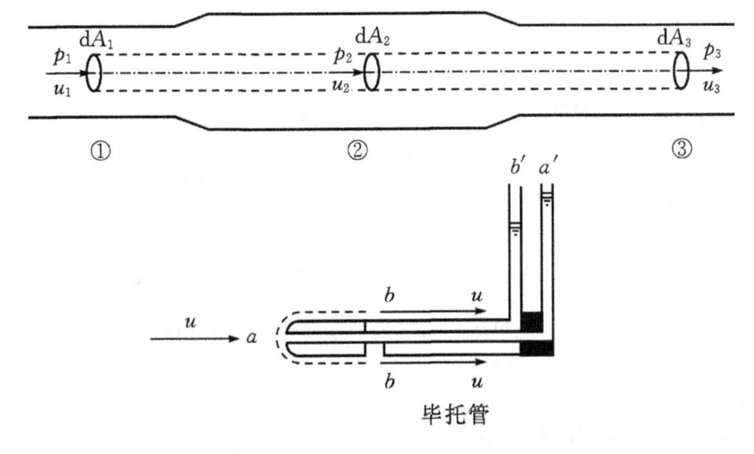

图6-7 实验管道中沿元流选取的微元控制体

3. **实际流体恒定总流伯努利方程基本原理及水头线的绘制**

实际流体运动时，粘滞力便显示出对运动的阻力。为了克服这个阻力，流体就必须消耗一部分机械能。因此，当流体质点沿元流运动时，每个质点所具有的机械能就不断减少，而转变为其他形式的能量(主要是热能)。

实际流体元流的伯努利方程可表示为：

$$z_1+\frac{p_1}{\gamma}+\frac{u_1^2}{2g}=z_2+\frac{p_2}{\gamma}+\frac{u_2^2}{2g}+h_w \tag{6-6}$$

式中，h_w 表示由元流的断面 1 到断面 2 为了克服阻力所损失的能力。对式(6－6)沿总流进行积分，便可得到实际流体恒定总流的伯努利方程：

$$(z_1+\frac{p_1}{\gamma})\gamma Q+\int_{A_1}\frac{u_1^3}{2g}\gamma \mathrm{d}A_1=(z_2+\frac{p_2}{\gamma})\gamma Q+\int_{A_2}\frac{u_2^3}{2g}\gamma \mathrm{d}A_2+h_w\gamma Q \tag{6-7}$$

建立实际流体恒定总流的伯努利方程的目的是要求出断面平均流速、压强和位置高度的沿程变化规律，因此必须使平均流速 υ 出现在方程内，为此，断面动能也应当用 υ 表示，但是实际上 $\int_A \upsilon^3 \mathrm{d}A$ 并不等于 $\int_A u^3 \mathrm{d}A$，这就需要动能修正系数 α 来修正：

$$\alpha=\frac{\int_A u^3 dA}{\upsilon^3 A}$$

式中，α 取决于过流断面上的流速分布，一般 $\alpha=1.05\sim1.10$，通常取 $\alpha=1$，则公式(6－7)可表示为：

$$z_1+\frac{p_1}{\gamma}+\frac{\alpha_1\upsilon_1^2}{2g}=z_2+\frac{p_2}{\gamma}+\frac{\alpha_2\upsilon_2^2}{2g}+h_w \tag{6-8}$$

式(6－8)即为实际流体恒定总流的伯努利方程，它考虑了实际流体的能量损失情况，很好地表现了流体中各种能量和压头的相互转换关系。为此，可以建立如图 6－8 所示的变径实验管道，连接处用突扩管(B 处)和突缩管(C 处)连接，增加局部损失，以便更好地观察水头线的变化趋势。此时，通过测点(1)～(7)的值来确定测压管水头 $z+\frac{p}{\gamma}$，通过测定流量 Q，计算出(1)～(7)的 $\frac{\alpha\upsilon^2}{2g}$ 值来确定总水头 $z+\frac{p}{\gamma}+\frac{\alpha\upsilon^2}{2g}$，最后，将(1)～(7)的水头连成一线便可得到水头线。

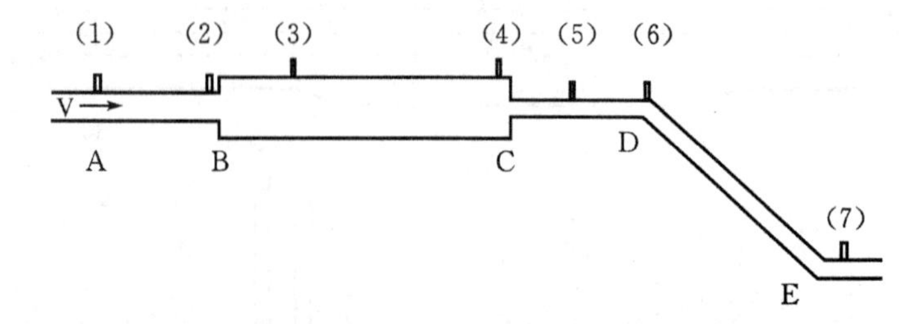

图 6－8　恒定总流伯努利方程验证实验管道

4. **流量的测定**

本实验中采用体积法测定流体流量：

$$Q = \frac{V}{\Delta T} = \frac{L \times W \times H}{\Delta T} \tag{6-9}$$

式中 V——ΔT 时间内水箱内水的容积(m^3)；

H——水箱内水位高度(m)；

$L \times W$(长×宽)——水箱断面面积(m^2)；

ΔT——测量时间(s)；

Q——流量(m^3/s)。

6.3.5 实验步骤

(1)接通潜水泵电源，使水箱充水，待水从溢水斗平稳流出后，关闭流量调节阀，检查所有测压管水面是否齐平。如不平则需查明故障原因(如连通管受阻、漏水或夹气泡等)，并加以排除，直至调平。

(2)调节流量调节阀使流体处于恒定流(使测压台上第一根测压管的读数处于标注点“恒定流”以上)，通过流量调节阀改变3次流量，测定3组实验数据。记录理想恒定元流伯努利方程验证实验管道中测点①～③的毕托管的测量管读数，数据记录及计算表格见表6-3；记录实际恒定总流伯努利方程验证实验管道中测点(1)～(7)的测压管读数，同时通过测量水箱，用体积法测定管道流量，数据记录及计算表格见表6-4。

(3)以测量台的零刻度为基准面，处理、分析实验数据，验证理想恒定元流伯努利方程，绘制实际恒定总流伯努利方程中的测压管水头线和总水头线。

6.3.6 实验数据记录整理与问题讨论

1. 实验数据记录整理

(1)通过表6-3中的实验结果，得出理想恒定元流伯努利方程的验证结果。

(2)通过表6-4中的实验结果，绘制测管水头线及总水头线(任选一组数据，用Excel软件绘图)，并对水头线的变化规律及原因进行分析。

表6-3 验证恒定元流伯努利方程

实验次数	测压管水头 $z+\frac{P}{\gamma}$ (m)			总水头 $z+\frac{P}{\gamma}+\frac{u^2}{2g}$ (m)			各测点总水头的相对误差(%)		
	①	②	③	①	②	③	①与②	①与③	②与③
1									
2									
3									

表 6-4　绘制水头线

管道长度 L(m)				管道内径 d(m)		
$L_{A\sim B}$	$L_{B\sim C}$	$L_{C\sim D}$	$L_{D\sim E}$	d_A	d_B、d_C	d_D、d_E
0.320	0.500	0.300	0.300	0.015	0.025	0.015

实验次数	1				2				3			
测压管水头 $z+\frac{P}{\gamma}$(m)	(1)		(5)		(1)		(5)		(1)		(5)	
	(2)		(6)		(2)		(6)		(2)		(6)	
	(3)		(7)		(3)		(7)		(3)		(7)	
	(4)				(4)				(4)			
流速水头 $\frac{\alpha v^2}{2g}$(m)	水箱液面高度(m)				水箱液面高度(m)				水箱液面高度(m)			
	测量时间(s)				测量时间(s)				测量时间(s)			
	流量(m^3/s)				流量(m^3/s)				流量(m^3/s)			
	(1)		(5)		(1)		(5)		(1)		(5)	
	(2)		(6)		(2)		(6)		(2)		(6)	
	(3)		(7)		(3)		(7)		(3)		(7)	
	(4)				(4)				(4)			
总水头 $z+\frac{P}{\gamma}+\frac{\alpha v^2}{2g}$(m)	(1)		(5)		(1)		(5)		(1)		(5)	
	(2)		(6)		(2)		(6)		(2)		(6)	
	(3)		(7)		(3)		(7)		(3)		(7)	
	(4)				(4)				(4)			

2. 问题讨论

(1)测压管水头线的坡度是否始终沿流下降？为什么？总水头线沿流可否上升、下降或水平？

(2)为什么阀门 B 开度越大，测压管水位越下降？

(3)总水头线和测压管水头线在局部阻力和沿程阻力处怎样变化？为什么？

6.3.7　课外拓展实验

设计一套实验方案，证明均匀流(渐变流)同一断面上，测压管水头为常数。

6.4　管路沿程阻力实验

6.4.1　实验目的

在管壁相对粗糙度 $\frac{K}{d}$ 一定时，确定管路沿程阻力系数 λ 值与雷诺数 R_e 的关系，并对已有公式进行验证。

6.4.2 应用的仪器设备

(1)三根不同管径的管路(安装在一套固定设备上),每根管路设备如图 6-9 所示;
(2)测量水箱、秒表、直尺、温度计。

6.4.3 实验设备示意图

实验设备示意图如图 6-9 所示。

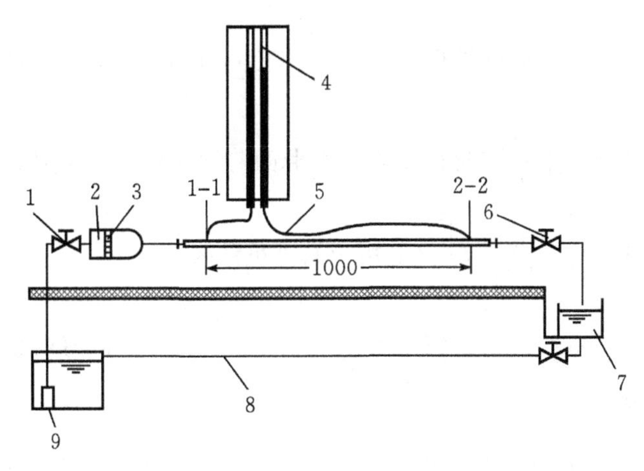

1—进水阀 A;2—稳压水箱;3—整流栅;4—测压管;5—软管;
6—出水阀 B;7—测量水箱;8—回水管;9—潜水泵
图 6-9 设备示意图

6.4.4 实验原理

实际液体流经管路,由于有阻力必然产生水头损失,因沿程阻力产生的水头损失,称沿程水头损失 h_f,其表达式为:

$$h_f = \lambda \cdot \frac{L}{d} \cdot \frac{v^2}{2g}$$

若写断面 1-1 及 2-2 的伯努利方程,可得:

$$h_f = \frac{P_1 - P_2}{\gamma}$$

则

$$\lambda = h_f \frac{d2g}{Lv^2} = \frac{P_1 - P_2}{\gamma} \cdot \frac{d2g}{Lv^2}$$

式中 λ ——沿程阻力系数(无因次数);
d ——水管内径(m);
L——两测压断面间距离(m);
v ——平均流速,$v = \frac{4Q}{\pi d^2}$ (m/s);
$\frac{P_1}{\gamma}$ ——1-1 断面的测压管水头(m);

$\frac{P_2}{\gamma}$——2-2 断面的测压管水头(m)。

如果管径 d 、两测压断面间距离 L 以及作用水头固定不变,则沿程阻力系数 λ 值与流速 υ 有关,亦即与液体的流动形态有关,因而可以建立阻力系数 λ 值与雷诺数 R_e 的关系。

在不同流速下雷诺数 R_e 的值为:

$$R_e = \frac{\upsilon d}{\nu}$$

式中符号同实验 6.3。

待求出不同的 R_e 值和相应的沿程阻力系数 λ 值后,即可绘出 $\lambda = f(R_e)$ 的关系曲线,并酌情与下述公式进行比较:

布拉修斯公式:$\lambda = \frac{0.3164}{R_e^{0.25}}$(适用于紊流光滑区,当 $2300 < R_e < 100000$)。

尼古拉兹公式:$\lambda = \left(\frac{1}{2\lg\frac{3.7d}{K}}\right)^2$(适用于紊流粗糙区)。

莫迪公式:$\lambda = 0.0055 \times \left[1 + \left(20000\frac{K}{d} + \frac{10^6}{R_e}\right)^{1/3}\right]$(这也是柯列勃洛克公式的近似公式,适用于紊流过渡区)。

谢才公式:$\lambda = \frac{8g}{c^2}$(适用于紊流粗糙区,$R_e > 100000$。谢才系数 c 可用曼宁公式计算,$c = \frac{1}{n}R^{1/6}$,建议取 0.011,水力半径 R 的单位以 m 计)。

对于给排水工程旧钢管和旧铸铁管的水力计算,还常采用舍维列夫公式:

紊流过渡区($\upsilon < 1.2$ m/s):$\lambda = \frac{0.0719}{d^{0.3}}\left(1 + \frac{0.867}{\upsilon}\right)^{0.3}$

紊流粗糙区($\upsilon \geqslant 1.2$ m/s):$\lambda = \frac{0.021}{d^{0.3}}$

式中:d 为管道内径,单位以 m 计。

6.4.5 实验步骤

(1)开启水泵,打开进水阀门 A 及出水阀门 B,以排除管路及测压管中的空气。

(2)全开阀门 A、B,使水流达最大流量。

(3)待水流稳定后读取测压管水头值,并测量流量(流量测法与实验 6.3 相同)。

(4)调节出水阀门 B,流量逐渐减小,顺序改变 5 次,每次改变后重复步骤(3)。

(5)测定水温、断面距离 L 及内管径 d 。

(6)计算。

①计算平均流速 υ:根据测得的测量水箱水位 H 及时间 ΔT,计算流量 Q,由此得平均流速 $\upsilon = \frac{4Q}{\pi d^2}$(m/s)。

②计算阻力损失 h_j 。

③计算阻力系数 λ 值。

④计算雷诺数 R_e：$R_e=\frac{\upsilon d}{\nu}$，式中：运动粘性系数 ν 见实验 6.3。

⑤用上述布拉修斯、莫迪等公式验证。

6.4.6 实验数据记录整理与问题讨论

1. 实验数据记录整理

实验原始数据记录见表 6－5，实验计算数据见表 6－6。

表 6－5 实验原始数据

	管路	两断面间距离 L(m)	管路内径 d (m)	管路断面面积 A(m^2)	水温 t (℃)	水的粘性系数 ν(m^2/s)	测量水箱水位读数 H(m)	测量时间 ΔT (s)
已定数值	1		20×10^{-3}					
	2		14×10^{-3}					
	3		10×10^{-3}					

表 6－6 实验计算数据

实验次数	实验项目				计算项目								
	$\frac{P_1}{\gamma}$ (m)	$\frac{P_2}{\gamma}$ (m)	H (m)	ΔT (s)	流量 Q (m^3/s)	流速 $\upsilon=\frac{Q}{A}$ (m/s)	水头损失 h_f (m)	实测阻力系数 $\lambda=h_f\frac{d2g}{L\upsilon^2}$	雷诺数 R_e	流动所属区域	$\lambda=\frac{0.316}{R_e^{0.25}}$	$\lambda=0.0055[1+(20000\frac{K}{d}+\frac{10^6}{R_e})^{\frac{1}{3}}]$	比较 8 项 11 项和 12 项
	1	2	3	4	5	6	7	8	9	10	11	12	
1													
2													
3													
4													
5													
6													
平均值													

2. 问题讨论

(1)沿程水头损失与哪些影响因素有关？

(2)将实验得到的 λ、R_e 值标注在教材中的莫迪图或尼古拉兹图上，分析 λ、R_e 和 $\frac{K}{d}$ 的关系。

6.5 明渠流动综合实验

6.5.1 水跃实验

1. 实验目的

测定平坡矩形渠中完整临界水跃的共轭水深，水跃的长度、高度及能量损失。

2. 实验设备

实验设备见图 6-10。

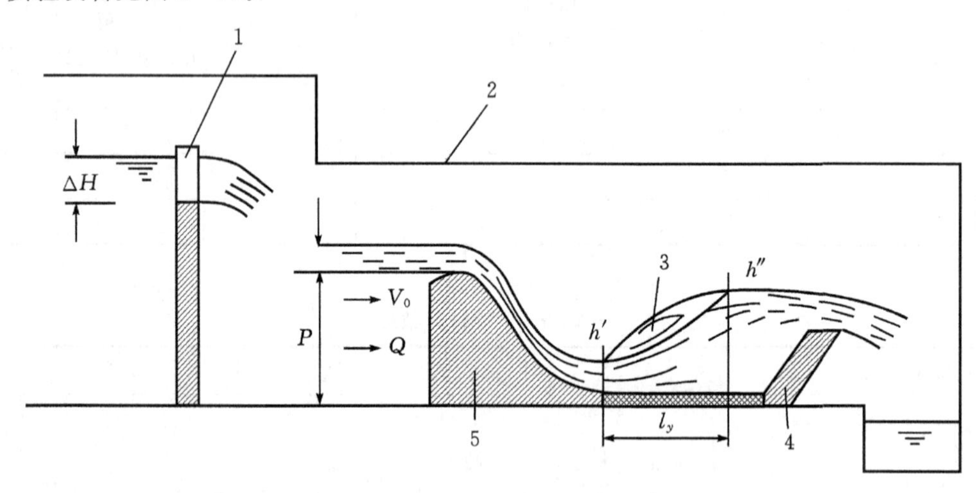

1—三角形量水槽及水位标尺；2—水平矩形玻璃水槽；3—水跃区；4—尾水闸门；5—实用断面堰

图 6-10 设备示意图

3. 实验步骤

(1)记录实验水槽的宽度 b；

(2)放水入水槽，待水位稳定后，测定三角形量水堰堰顶水头 ΔH 值，并计算(或由 Q～ΔH 曲线查出)过堰流量 Q；

(3)调节尾水闸门③，适当抬高下游水位，使水跃在水舌结束断面处开始发生；

(4)测记 h'、h'' 及 l_y 值；

(5)增加进水流量 Q，并重复上述步骤(2)、(3)、(4)，共做三次；

(6)注意观察远驱式水跃、临界水跃及淹没水跃在什么条件下形成。

4. 计算步骤

(1)计算单宽流量：

$$q = \frac{Q}{b}$$

(2)计算临界水深：

$$h_K = \sqrt[3]{\frac{\alpha q^2}{g}}(\alpha = 1.10)$$

(3)由水跃跃前水深 h' 按下式计算其轭水深 h''：

$$h'' = \frac{h'}{2}\left[\sqrt{1+8\left(\frac{h_K}{h'}\right)^3}-1\right]$$

(4)按下式计算水跃长度 l_y：

$$l_y = 4.5h'' \text{ 或 } l_y = \frac{1}{2}(4.5h'' + 5a)$$

式中 h'' ——跃后水深；

a——水跃高度，即 $a = h'' - h'$。

(5)计算水跃的能量损失 ΔE：

$$\Delta E = \frac{(h''-h')^3}{4h'h''}$$

(6)将计算所得的 h'' 及 l_y 值与实测值作以比较并计算其误差百分数。

5. 实验数据记录整理与问题讨论

(1)实验数据记录整理。

实验记录及计算表格见表 6-7。

表 6-7 实验记录及计算表格

渠槽宽度 b:______m； 量水堰顶点高度:________ m

实验次数	量水堰上游水位(m)	流量 Q (m^3/s)	单宽流量 q (m^2/s)	临界水深 h_K (m)	共轭水深			水跃长度		误差		能量损失 ΔE (m)
					实测值 h' (m)	实测值 h'' (m)	计算值 $h''_{计}$ (m)	实测值 l_y (m)	计算值 $l_{y计}$ (m)	$\frac{h'_{计}-h''}{h''_{计}}$ (%)	$\frac{h_{y计}-l_y}{l_{y计}}$ (%)	
1												
2												
3												

(2)问题讨论。

①怎样控制各种水跃的形成？

②对水工建筑物来讲，哪种水跃是我们应当采用的？哪种水跃应当避免？为什么？

③水跃的基本方程式是应用什么原理推导出来的？为什么不能应用伯努利方程式？

6.5.2 宽顶堰实验

1. 实验目的

测定无侧收缩非淹没矩形宽顶堰的流量系数。

2. 实验原理

(1)水流流经无侧收缩的矩形宽顶堰时，在非淹没情况下，其流量的计算公式为：

$$Q = mb\sqrt{2g}H_0^{\frac{3}{2}}$$

式中 b——堰的宽度(m)；

m——流量系数；

H_0 ——计入行近流速的堰上水头，$H_0 = H + \frac{a_0 v_0^2}{2g}$；

H——堰上水头。

由公式所得：

$$m = \frac{Q}{b\sqrt{2g}H^{\frac{3}{2}}}$$

所以要测定流量系数，必须测定堰宽 b、过堰流量 Q 值和堰上水头 H 值。

(2)由于宽顶堰的流量系数 m 是一个变数，对于有矩形直角边缘进口的宽顶堰，可按下面的经验公式计算：

$$m = 0.32 + 0.01 \times \frac{3 - \frac{P}{H}}{0.46 + 0.75\frac{P}{H}}$$

对圆进口有：

$$m = 0.36 + 0.01 \times \frac{3 - \frac{P}{H}}{1.2 + 1.5\frac{P}{H}}$$

式中 P——堰高(m)；

H——堰上水头(m)。

3. 实验设备示意图

实验设备示意图如图 6-11 所示。

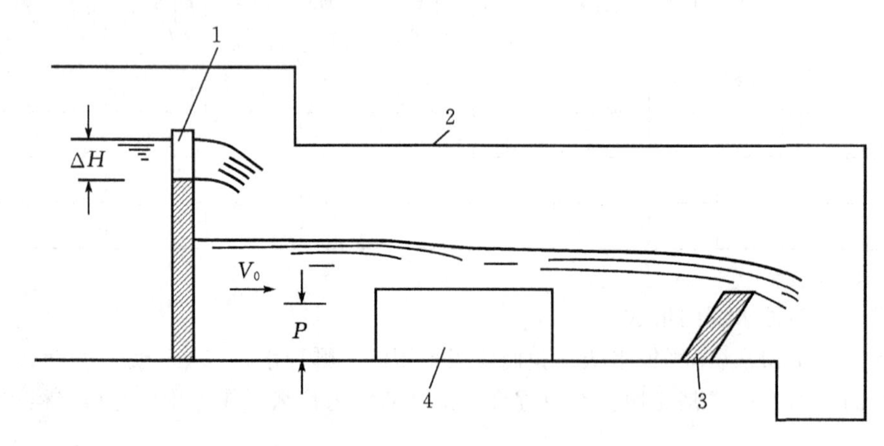

1—三角形量水堰及水位标尺；2—水平矩形玻璃水槽；
3—尾水闸门；4—宽顶堰及水位标尺

图 6-11 设备示意图

4. 实验步骤

(1)用直尺量测宽顶堰宽度 b、堰高 P，在水面与堰顶齐平下测定量水堰及宽顶堰顶的零点高程，并记于表 6-8 中；

(2)开大进水闸门，观察水流现象，在肯定属于如图 6-11 所示的非淹没情况下，同时测定量水堰及宽顶堰上游水位 h 和 h'，并记于表 6-8 中。

5. 实验数据记录整理与问题讨论

(1)实验数据记录整理。

实验记录及计算表格见表 6-8。

表 6-8 实验记录及计算表格

量水堰高度:______ m;宽顶堰宽 b:______ m;宽顶堰高度 P:______ m

实验次数	量水堰上游水位 h (m)	水堰上水头 H (m)	过堰流量 Q (s)	堰上游水位 h' (m)	宽顶堰上水头 H (m)	$\frac{P}{H}$	经验公式计算的 $m_{计}$	$b(P+H)$ (m^2)	$v_0=\frac{Q}{b(P+H)}$ (m/s)	$\frac{a_0 v_0^2}{2g}$ (m)	H_0 (m)	$H_0^{\frac{3}{2}}$ (m)	实测的 $m_{测}$ $m_{测}=\frac{Q}{b\sqrt{2g}H_0^{\frac{3}{2}}}$	$\frac{m_{计}-m_{测}}{m_{计}}$ (%)
1														
2														
3														

(2) 问题讨论。

①试由实验说明影响宽顶堰流量系数的因素有哪些?

②试绘示意图说明通过宽顶堰上的水流现象有哪些变化?

第7章 水泵与水泵站实验(水泵性能实验)

1. 实验目的

(1)熟悉离心泵的结构和操作方法。测绘单台水泵的性能曲线。

(2)学会离心泵特性曲线测定方法和表示方法,作出 Q-H,Q-N,Q-η 图,加深对离心泵性能的了解。

2. 实验原理

通过实验测出 Q、N、P 的值,算出 H 和 η,作出 $Q—H$,$Q—N$,$Q—\eta$ 图。

(1)扬程 H:

$$H=\frac{P_{压}+P_{空}}{r}+\frac{v_{压}^2-v_{吸}^2}{2g}+\Delta Z$$

式中 $P_{压}$、$P_{空}$——水泵出口压力、进口真空度(Pa);

$v_{压}$、$v_{吸}$——水泵出口、入口测压点断面平均流速(m/s);

ΔZ——压力表、真空表接点高差(m)。

(2)水泵轴功率 N:

$$N=\eta_{电机}\cdot N_1$$

式中 $\eta_{电机}$——电动机效率,一般取0.9;

N_1——电机输入功率(kW)。

(3)水泵有效功率 $N_{水}$:

$$N_{水}=\frac{\rho QH}{102}$$

式中 ρ——水密度(1000kg/m^3);

Q——水流量(m^3/s);

H——水泵扬程(m)。

(4)水泵效率 η:

$$\eta=\frac{N_{水}}{N}\times 100(\%)$$

3. 实验装置与流程

(1)实验装置。

实验装置主要由离心泵、流量计、各种阀门、不同管径和材质的管子突然扩大和突然缩小组合而成,如图7-1所示。水由离心泵从水槽抽出,经过流量计被送至几根并联的管道,水流经管道和管件后返回水槽,直管阻力损失用U形压差计测定其压差,管内水的流量用涡轮流量计测定。用调节阀调节流量大小。

(2)实验设备使用注意事项。

①离心泵在启动前应灌泵排气。

②离心泵要在出口阀关闭情况下启动。

③停机前要先关出口阀。

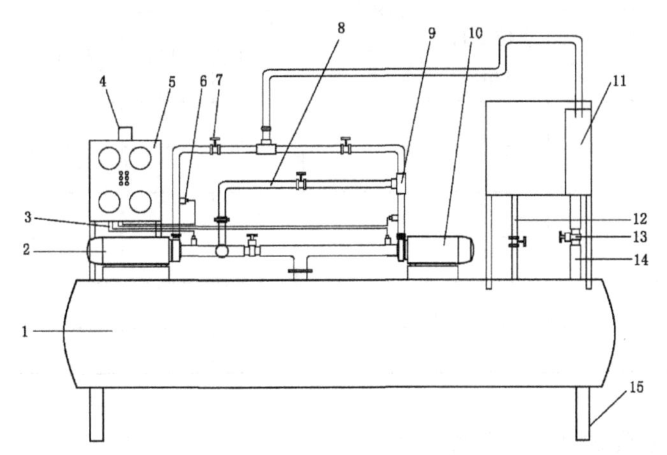

1—储水箱;2—水泵 1;3—压力传导管;4—功率表;5—压力表;6—测压管与水管衔接头;7—球阀;8—连接管;9—三通水管;10—水泵 2;11—测流量箱;12—排水管 1;13—闸阀;14—排水管 2;15—支架

图 7-1 水泵性能实验台示意图

4. 实验步骤

(1)检查设备仪器是否正常。

(2)关闭压水阀,启动电机,从功率表上读取电机输入功率(在 2~4 分钟完成)。

(3)逐次开大压水阀,使流量从零到最大分为 6~8 级,每调节一次阀门待工况稳定后,读取其空值、压力值、水流量(测定水箱面积、水位高度、时间)、电力输入功率(表读数×5)(调节压水阀使功率分别为 64、60、55、50、45、40,分别待工况稳定后,读取其他参数)。

(4)实验完毕测量水泵进出口管径、测压点高差。

5. 实验数据记录整理与问题讨论

(1)实验数据记录整理。

①实验数据及计算见表 7-1。

表 7-1 实验数据及计算

离心泵型号＿＿＿＿＿ 电机功率＿＿＿＿＿ 电机效率＿＿＿＿＿

次数	流量 Q (m^3/s)			功率 W (kW)	压力 P (Pa)		管经 D (mm)		测压点交差 ΔZ (mm)
	水箱面积 S (m^2)	时间 T (s)	水位 ΔH (m)		入口	出口	入口	出口	
1									
2									
3									
4									
5									
6									

续表 7-1

次数	流量 Q (m^3/s)			功率 W (kW)	压力 P (Pa)		管经 D (mm)		测压点交差 ΔZ (mm)
	水箱面积 S (m^2)	时间 T (s)	水位 ΔH (m)		入口	出口	入口	出口	
7									
8									
9									
10									
11									
12									

②处理实验数据。

处理过程有一组数据的计算实例,计算结果记录见表 7-2。

表 7-2　实验原始数据及计算结果

次数	流量 Q (m^3/s)	扬程 H (m)	水泵轴功率 N (kW)	水泵有效功率 $N_{水}$ (kW)	水泵效率 η (%)
1					
2					
3					
4					
5					
6					
7					
8					
9					
10					
11					
12					

③根据实验结果在直角坐标上绘制 $Q—H$,$Q—N$,$Q—\eta$ 关系曲线图。

(2)问题讨论。

①离心泵启动前为什么要灌水排气?

②离心泵的特性曲线是否与连接的管路系统有关?

③启动离心泵应注意哪些问题?

第8章 水处理微生物学实验

8.1 培养基的配置与灭菌

8.1.1 实验目的

(1)掌握配制培养基的一般方法和步骤,了解培养基的配制原理;

(2)掌握干热灭菌、高压蒸汽灭菌及过滤除菌的操作方法,了解常见灭菌、消毒基本原理及方法。

8.1.2 实验原理

培养基是人工按一定比例配制的,供微生物生长繁殖和合成代谢产物所需要的营养物质的混合物。培养基的原材料可分为碳源、氮源、无机盐、生长因素和水。根据微生物的种类和实验目的不同,培养基也有不同的种类和配制方法。

牛肉膏蛋白胨培养基是一种应用最广泛和最普通的细菌基础培养基,有时又称为普通培养基。由于这种培养基中含有一般细胞生长繁殖所需要的最基本的营养物质,所以可供微生物生长繁殖之用。

干热灭菌、高压蒸汽灭菌方法主要是通过升温,使蛋白质变性达到杀死微生物的效果。

消毒只要求杀灭或清除致病微生物,使其数量减少到不再能引起人发病。灭菌不仅要求杀灭或清除致病微生物,还要求将所有微生物全部杀灭和清除掉,包括非致病微生物。总之,消毒只要求场所与物品达到无害化水平,而灭菌则要求达到没有一个活菌存在。

8.1.3 实验器材

(1)器材:试管、三角瓶、烧杯、量筒、玻璃棒、培养基、分装器、天平、牛角匙、高压蒸汽灭菌锅、pH 试纸、脱脂棉、报纸、记号笔、麻绳、纱布、培养皿、电烘箱等。

(2)试剂:见下面“培养基的配制”。

8.1.4 操作步骤

1. 培养皿包装、棉塞制作及干热灭菌

(1)培养皿、试管和锥形瓶的包装,棉塞(有尾部)的制作。

①包培养皿,6 个/包;包玻璃涂棒和移液管 1mL(顶头塞入脱脂棉);包量筒(塞入棉塞)和镊子;包漏斗和过滤器基座。

②做试管的棉塞和锥形瓶的棉塞。注意:棉塞要有尾部,不要剪齐,否则不利于用手指

夹住。

(2)干热灭菌:主要用于玻璃器皿灭菌。

步骤:装入待灭菌物品→升温至160℃→恒温2h→降温→开箱取物。

2.培养基的配制及高压蒸汽灭菌

(1)培养基的配制。

①牛肉膏蛋白胨培养基的配制固体培养基(接种及平板划线分离细菌实验)。

配制牛肉膏蛋白胨固体培养基,用漏斗直接流入试管内和锥形瓶内(注意防止沾污上段管口/壁和瓶口/壁),先装试管(8mL左右,占试管体积1/4),剩下的培养基全部装入锥形瓶,每瓶约200mL。

A.配制步骤:称量→溶化→调pH→过滤→分装→加塞→包扎→灭菌(121℃湿热灭菌20min)→无菌检查。

B.成分(g/L):牛肉膏3g;蛋白胨10g;NaCl 5g;琼脂15g;水1000mL。

C.调整pH=7.0~7.2。

②伊红美蓝固体培养基(测定水中大肠菌群实验)。

配置伊红美蓝培养基200mL,装入锥形瓶。乳糖在高温灭菌容易被破坏,必须严格控制灭菌温度和时间,121℃湿热灭菌15min。

A.配制步骤:称量→溶化→分装(锥形瓶)→加塞→包扎→灭菌→无菌检查。

使用伊红美蓝琼脂生物试剂,查看使用说明。

B.成分(g/L):蛋白胨10g;牛肉浸粉3g;乳糖10g;NaCL 5g;曙红钠0.4g;亚甲蓝0.065g;琼脂14g。

③9mL无菌水的试管(用于微生物的分离和纯化)。

制备9mL无菌水的试管(塞入棉塞,用报纸包裹高压灭菌)。

(2)高压蒸汽灭菌。

高压蒸汽灭菌,主要用于液体及器皿灭菌。

步骤:装入待灭菌物品→设置灭菌温度和时间→打开排气阀升温排除冷空气后,关闭排气阀至设置温度和时间(121℃,15~20min)→待压力表降至零→打开排气阀→开锅取物。

8.1.5 实验步骤及注意事项

(1)要严格按配方配制。

(2)调pH不要过头。

(3)干热灭菌物品不要堆放过紧,注意温度的时间控制,70℃以下放物、取物。

(4)高压灭菌要注意物品不要过多,加热后排除冷空气,到时降压回零取物。

8.1.6 实验报告

1.实验结果

将装有牛肉膏蛋白胨的试管摆成斜面(不要让液体沾染棉塞),把装有牛肉膏的三角烧瓶和伊红美蓝试管分类标记。

2.问题讨论

(1)培养基配好后,为什么必须立即灭菌?如何检查灭菌后培养基是无菌的?

(2)在配制培养基的操作过程中应注意些什么问题？为什么？

(3)培养微生物的培养基应具备哪些条件？为什么？

(4)培养基的配制原则是什么？

8.2 普通光学显微镜的使用

8.2.1 实验目的

(1)了解普通光学显微镜的构造和原理，准确掌握使用显微镜的方法和保养；

(2)学会使用显微镜进行微生物个体形态的观察，学会生物图的绘制。

8.2.2 显微镜的基本结构及油镜的工作原理

显微镜的种类很多，但基本构造可分为机械装置和光学系统两大部分，如图 8－1 所示。

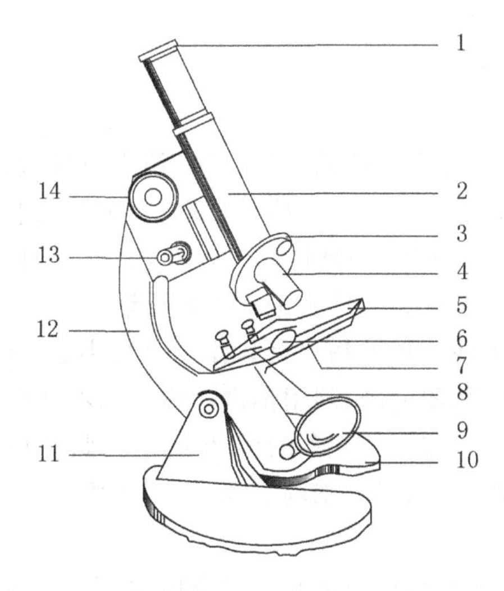

1—目镜；2—镜筒；3—转换器；4—物镜；5—载物台；6—通光孔；7—遮光器；8—压片夹；
9—反光镜；10—镜座；11—镜柱；12—镜臂；13—细准焦螺旋；14—粗准焦螺旋

图 8－1 显微镜结构图

(1)机械装置由镜座、镜臂、镜筒与物镜转移器、载物台、移动器和粗细调节器组成。

(2)光学系统由目镜、物镜、聚光镜、光圈组成。

①目镜：装在镜筒的上端，一般各有 5×、10×、15×、16×等不同的放大倍数的目镜。目镜只能把物镜成的像再次放大，没有辨析能力。

②物镜：显微镜物镜由一组特殊的透镜组成。一般有低倍镜(4×、10×)、高倍镜(40×)和油镜(100×)。物镜性能由数值孔径(Numerical Aperture，N・A)决定，$N \cdot A = n \cdot \sin(\alpha/2)$，意为玻片和物镜之间折射率乘上光线投射到物镜上最大夹角的一半正弦。光线投射到物镜的角度越大，显微镜的效能越大。光线通过几种介质的折射率(n)为：空气 1.0，水 1.33，香柏油 1.52。用油镜时光线入射 $\alpha / 2$ 为 60°，$\sin 60° = 0.87$。

①以空气为介质时，$N \cdot A = n \cdot \sin(\alpha / 2) = 1 \times 0.87 = 0.87$；

②以水为介质时，$N \cdot A = n \cdot \sin(\alpha / 2) = 1.33 \times 0.87 = 1.16$；

③以香柏油为介质时，$N \cdot A = n \cdot \sin(\alpha / 2) = 1.52 \times 0.87 = 1.32$。

显微镜的性能还依赖物镜的分辨率，分辨率即能分辨两点之间的最小距离的能力。显微镜的总放大倍数为物镜放大倍数和目镜放大倍数的乘积。

8.2.3 实验器材

(1)仪器用具与试剂：显微镜、香柏油、二甲苯、擦镜纸。

(2)菌种：自制安琪酵母的标本片。

8.2.4 操作步骤

1.观察前的准备

(1)显微镜的安置；

(2)光源调节；

(3)调节双筒显微镜的目镜；

(4)聚光器数值孔径值的调节。

2.显微观察

(1)低倍镜观察：标本玻片先用低倍镜观察，低倍镜视野较大，易发现目标和确定检查位置。待检标本玻片置镜台上，用标本夹夹住，移动推动器，使观察标本处于物镜正下方。转动粗螺旋，下降4×物镜，接近标本玻片，慢慢地提升镜筒，直到视野内出现物像后，改用细调节器，调节到物像清楚为止，观察标本各部位并记录观察结果。

(2)高倍镜观察：低倍镜下找到目的物并将其移到视野中心，转动物镜转换器将高倍镜移至工作位置。微调细调节器使物象清晰，利用推进器移动标本观察并记录观察结果。

(3)油镜的观察：在高倍镜下找到要观察的样品区域后，将高倍镜转开，在待观察的样品区域加滴香柏油。油镜转入工作位置，微调细调节器，直至视野中出现物像且清晰为止，观察标本各部位并记录观察结果。

油镜的使用较特殊，在载玻片与镜头之间滴加香柏油，主要有以下原因：

当光线通过载波片时，由于玻璃与香柏油的折射率相近，直接通过香柏油进入物镜而不发生折射，就可以增加照明度和显微镜的分辨率，使镜检物清晰。

3.显微镜用完后的处理

(1)上升镜筒，取下载玻片。

(2)用擦镜纸拭去镜头上的镜油，然后用擦镜纸蘸少许二甲苯(香柏油溶于二甲苯)擦去镜头上残留的油迹，最后再用干净的擦镜纸擦去残留的二甲苯。

(3)用擦镜纸清洁其他物镜及目镜。

8.2.5 实验报告

1.实验结果

绘出在低倍镜、高倍镜和油镜下观察到的微生物形态。

2.问题讨论

(1)用油镜观察时应注意哪些问题？在载玻片和镜头之间加滴什么油？起什么作用？

(2)为什么在使用高倍镜和油镜时应特别注意避免粗调节器的误操作?

8.3 微生物形态观察

8.3.1 实验目的

(1)观察几种细菌、酵母菌的个体形态,掌握生物图的绘制方法;

(2)学习用压滴法制作标本片;

(3)观察比较细菌、放线菌、酵母菌及霉菌的菌落特征,具有初步鉴别上述微生物的能力。

8.3.2 实验原理

酵母菌是单细胞的真核微生物,有细胞壁、细胞膜、细胞核和细胞质,细胞大小约细菌10倍。

酵母菌的形态通常有球状、卵园状、椭圆状、柱状或香肠状等多种。酵母菌的无性繁殖有芽殖(主要繁殖方式)、裂殖(少数酵母菌)和产生无性孢子(掷孢子/掷孢酵母属;节孢子/地霉属;厚垣孢子/白假丝酵母);酵母菌的有性繁殖形成子囊和子囊孢子。酵母菌母细胞在一系列的芽殖后,若长大的子细胞与母细胞并不分离,就会形成藕节状的假菌丝。

美蓝是一种弱氧化剂,氧化态呈蓝色,还原态呈无色。美蓝对酵母细胞染色时,活细胞由于细胞的新陈代谢作用,细胞内具有较强的还原能力,将美蓝由蓝色的氧化态转变为无色的还原态型,从而细胞呈无色;而死细胞或代谢作用微弱的衰老细胞由于细胞内还原力较弱而不具备该能力,细胞呈蓝色,据此可对酵母菌的细胞死活进行鉴别。

菌落是单个菌体在固体平面培养基上生长繁殖形成的肉眼可见的群体。由于微生物个体表面结构、分裂方式、运动能力、生理特性及产生色素的能力等各不相同,因而个体及其的群体在固体培养基上生长状况也不一样。按照微生物在固体培养基上形成的菌落特征,可粗略辨别是何种类型的微生物。

8.3.3 实验器材

1.菌种

安琪酵母菌悬液(显微镜观察)、红酵母、酿酒酵母、假丝酵母、白色链菌、蓝色链霉菌、青霉、黑曲霉、根霉、大肠杆菌、金黄色葡萄球菌及枯草芽孢杆菌的斜面及菌落(肉眼观察,不要打开培养皿盖子或试管棉塞)。

2.试剂

美蓝染液。

3.仪器或其他用具

显微镜、擦镜纸、吸水纸等。

8.3.4 实验步骤

1. 酵母菌的形态观察及死、活细胞的鉴别

(1)在载玻片中央加一滴吕氏碱性美蓝染液,取酵母菌悬液少许混合均匀。

(2)盖上盖玻片,在显微镜下观察细胞形态及鉴别死、活细胞(酵母的活细胞为无色,死细胞或者代谢缓慢的老细胞呈蓝色或者淡蓝色)。

2. 微生物菌落特征的观察

用肉眼观察生长在琼脂平板上的几种细菌、放线菌、酵母菌、霉菌菌落,并根据下列要求对每种霉菌的菌落特征加以描述。

(1)菌落的大小:局限生长或蔓延生长,菌落的直径和高度。

(2)菌落的颜色:正面和背面的颜色,培养基的颜色变化。

(3)菌落的形态:圆形、褶皱状、粉末状、棉絮状、网状、绒状、同心轮纹、放线状等。

8.3.5 实验报告

1. 实验结果

(1)分别绘出显微镜下观察到的几种酵母菌的形态。

(2)填写细菌、放线菌、酵母菌、霉菌等菌落的特征,见表 8-1。

表 8-1 菌落特征

菌名		培养时间	形状	正反面颜色	光泽	边缘	透明度	隆起情况	表面(湿润、干燥)
细菌	大肠杆菌								
	葡萄球菌								
	枯草芽孢杆菌								
放线菌	白色链霉菌								
	蓝色链霉菌								
酵母菌	红酵母								
	酿酒酵母								
	假丝酵母								
霉菌	青霉								
	黑曲霉								
	根霉								

2. 问题讨论

(1)在酵母菌死活细胞的观察中,使用美蓝液有何作用?

(2)链霉菌属于放线菌还是属于霉菌? 放线菌属于细菌吗? 为什么?

(3)通过观察菌落如何能分辨出细菌、放线菌还是霉菌?

8.4 滤膜法测定水中大肠菌群

8.4.1 实验目的

(1)学习和掌握水中大肠菌群的检测方法；

(2)学习用滤膜法测定水中大肠菌群；

(3)通过观察和比较菌落特征，达到初步鉴别饮用水中大肠菌群是否达标。

8.4.2 实验原理

滤膜法是采用过滤器过滤水样，使细菌截留在滤膜上，然后将滤膜放在适当的培养基上培养，大肠菌群可直接在膜上生长，直接计数。

大肠菌群并非细菌学分类命名，而是卫生细菌领域的用语，不代表某一个或某一属细菌，指的是具有某些特性的一组与粪便污染有关的细菌，这些细菌在生化及血清学方面并非完全一致，其定义为：需氧及兼性厌氧、在37℃能分解乳糖产酸产气的革兰氏阴性无芽胞杆菌。一般认为该菌群细菌可包括大肠埃希氏菌(通常称大肠杆菌)、枸橼酸盐杆菌、产气克雷白氏菌和阴沟肠杆菌(沙门氏菌、痢疾杆菌等)等。

伊红为酸性染料，美蓝为碱性染料。常用伊红美蓝乳糖培养基，用来鉴别饮用水和乳制品中是否存在大肠杆菌等细菌。若有大肠杆菌，因其强烈分解乳糖而产生大量的混合酸，菌体带H^+，被染成红色，再与美蓝结合形成紫黑色菌落，从菌落表面的反射光中看到有绿色金属光泽；产气杆菌则形成呈棕色的大菌落；在碱性环境中不分解乳糖产酸的细菌不着色，伊红和美蓝不能结合，故沙门氏菌等为无色或琥珀色半透明菌落；金葡菌在此培养基上不生长。

8.4.3 实验器材

(1)实验原料：伊红美蓝琼脂平板；自来水。

(2)器材或用具：镊子、夹钳、烧杯、真空泵、滤膜、过滤器等。

8.4.4 实验步骤

1. 水样的采集

自来水龙头用酒精灯火焰灼烧灭菌，开放水龙头使水流5min，已灭菌量筒接取水样备用。

2. 滤膜灭菌

滤膜是一种多孔硝化纤维膜或乙酸纤维膜，用水洗过滤膜即可，其孔径约0.45μm。将滤膜放入装有蒸馏水的烧杯中，加热煮沸15min，共煮沸三次，前两次煮沸后换水洗涤2～3次再煮，洗去滤膜上残留的溶剂。

3. 过滤水样

(1)用无菌镊子(浸在75%酒精内，用时通过火焰灭菌)夹取灭菌滤膜边缘部分，贴放于已灭菌的滤床上，固定好滤器漏斗。取333mL水样注入滤器中，加盖，打开滤器阀门，－50kPa压力下抽滤。

(2)水样滤完后再抽气约5s，关上滤器阀门，取下滤器，用无菌镊子夹取滤膜边缘部分，移放在伊红美蓝培养基上，滤膜截留细菌面向上与培养基完全紧贴，两者间不得留有间隙或气泡。若有气泡需用镊子轻轻压实，在培养皿底部贴上班级、姓名和组别后，倒置放在37℃培养箱内培养22～24h。

4. 实验结果判定

(1)挑选符合下列特征的菌落进行革兰氏染色(供下次实验用)、镜检。

①大肠埃希氏杆菌菌落呈深紫黑色带金属光泽，直径约2～3mm。

②枸橼酸盐杆菌菌落呈紫黑色不带或略带金属光泽。

③产气杆菌菌落呈淡紫红色中心，颜色较深，直径较大，直径约4～6mm。

④阴沟肠杆菌菌落则无色透明。

(2)凡是革兰氏阴性无芽胞杆菌，需再接种于乳糖蛋白胨半固体培养基，37℃培养6～8h，产气者，则判定为大肠菌群阳性。

(3)1L水样中大肠菌群数等于滤膜法生长的大肠菌群菌落数乘以3。

8.4.5 实验报告

1. 实验结果

(1)描述滤膜上的大肠杆菌菌落的外观。

(2)滤膜上的大肠菌群菌落数______；1L水样中的大肠杆菌群数______。

2. 问题讨论

(1)测定水中大肠杆菌数有什么实际意义？为什么选用大肠杆菌作为水的卫生指标？

(2)根据我国饮用水水质标准，讨论你这次检验结果(此次实验成功或失败？可能原因有哪些？要避免污染操作中要注意哪些环节？有何实验体会?)。

8.5 活性污泥生物相观察及污泥沉降性能测定

8.5.1 实验目的

(1)观察活性污泥生物相，测定污泥沉降性能，了解污泥生物相与污泥性能之间的关系；

(2)学会用压滴法制作玻片。熟练使用显微镜，掌握污泥中常见的微生物的种类和辨别方法、微生物数量的测算和污泥性能的测定方法。

8.5.2 实验原理

活性污泥是由多种好氧和兼性厌氧微生物与污水中的颗粒物交织凝聚在一起形成的絮状绒粒，由细菌为主体，包含多种微生物构成的生态系统。了解活性污泥生物性能，判断活性及其沉淀性能。活性污泥生物相包括微生物的种类、菌胶团形态与质地、微生物的活动情况，是反映污泥生物性能的重要特征。

8.5.3 实验器材

1. 仪器用具与试剂

显微镜、血球计数板、载玻片、盖玻片、滴管、滤纸、100mL量筒。

2. 实验材料

活性污泥。

8.5.4 实验步骤

1. 原生动物与后生动物的活体观察

(1)用滴管将污泥混合液从血球计数板的盖玻片边缘注入，或采用压滴法(在载玻片上加一滴活性污泥混合液，盖上盖玻片)，1～2min 后在显微镜下观察。

(2)与微生物图谱比较，辨识不同微生物的种类，并对生物相手工描绘。

2. 污泥沉降体积比测定

将搅匀的污泥混合液 100mL 倒入量筒，静置 30min，观测污泥所占体积。

8.5.5 实验报告

1. 实验结果

(1)在表中填出观察到的几种活性污泥中生物相的特点，见表 8-2。

表 8-2 活性污泥中生物相

污泥来源	生物相								SV(%)
	菌胶团			原生动物		后生动物			
	大小	颜色	透明度	数量	种类	数量	种类	活力	

(2)手工描绘观察到的活性污泥生物相中原生动物或后生动物个体形态图。

2. 问题讨论

(1)原生动物中各纲在污水生物处理中如何起指示作用？

(2)活性污泥的沉降性能与微生物的种类及活动情况有没有相关性？

8.6 活性污泥中细菌的纯种分离、培养和接种技术

8.6.1 实验目的

(1)掌握从环境(土壤、水体、活性污泥、垃圾、堆肥等)中分离培养细菌的方法，从而获得细菌纯培养技能；

(2)掌握无菌操作基本环节。

8.6.2 实验原理

平板分离法操作简便，将其用于微生物的分离和纯化，基本原理包括两个方面：

(1)选择适合于待分离微生物的生长条件(如营养、酸碱度、温度和氧等)或加入某种抑制剂造成只利于该微生物生长，而抑制其他微生物生长的环境，从而淘汰一些不需要的微生物，再用稀释涂布平板法、稀释混合平板法或平板划线分离法等分离、纯化至得到纯菌株。

(2)微生物在固体培养基上生长，形成单个菌落由一个细胞繁殖而成的集合体，因此通过

挑取单菌落而获得一种纯培养。获取单个菌落的方法可采用稀释涂布平板或平板划线等技术完成。

从微生物群体中经分离生长在平板上的单个菌落并不一定保证是纯培养。因此,纯培养除观察菌落特征外,结合显微镜检测个体形态特征后才能确定,有些微生物的纯培养要经过一系列的分离纯化过程和多种特征鉴定才能得到。

环境中生活的微生物无论数量和种类都是极其多样的,作为开发利用微生物资源的重要基地,分离、纯化到许多有用的菌株。

8.6.3 仪器和材料

(1)实验材料:活性污泥、大肠杆菌。

(2)培养基:牛肉膏蛋白胨培养基、牛肉膏蛋白胨培养基斜面。

(3)实验器材:9mL 无菌水的试管、无菌玻璃涂棒、无菌移液管、无菌培养皿、接种环、酒精灯、恒温培养箱等。

8.6.4 实验方法

1. 细菌纯种分离的操作方法

(1)稀释涂布平板法。

①倒平板:将培养基加热融化,待冷至 55℃～60℃时,混合均匀后倒平板。

②制备活性污泥稀释液:污水厂取回的活性污泥震荡均匀,用一支无菌吸管从中吸取 1mL 活性污泥加入装有 9mL 无菌水的试管中,吹吸 3 次,让菌液混合均匀,即成 10^{-1}稀释液;再换一支无菌吸管吸取 10^{-1}稀释液 1mL,移入装有 9mL 无菌水的试管中,也吹吸 3 次,即成 10^{-2}稀释液;以此类推,连续稀释,制成 10^{-1}、10^{-2}、10^{-3}、10^{-4}、10^{-5}、10^{-6}等一系列稀释菌液。如图 8-2 所示。

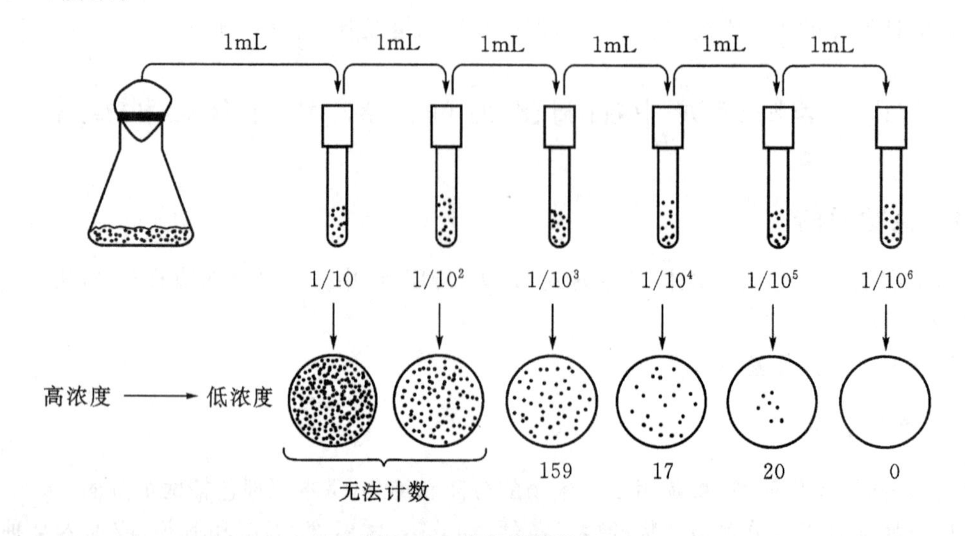

图 8-2 样品稀释程序

③涂布:在无菌平板编上 10^{-4}、10^{-5}、10^{-6}号码,每一号码设置三个重复,用无菌吸管按无菌操作要求吸取 10^{-6}稀释液各 1mL 放入编号 10^{-6}的 3 个平板中,同法吸取 10^{-5}稀释液各

1mL 放入编号 10^{-5} 的3个平板中，再吸取 10^{-4} 稀释液各1mL 放入编号 10^{-4} 的3个平板中(由低浓度向高浓度时，吸管可不必更换)。再用无菌玻璃涂棒将菌液在平板上涂抹均匀，每个稀释度用一个灭菌玻璃涂棒(在由低浓度向高浓度涂抹时，也可以不更换涂棒)，更换稀释度时将玻璃涂棒灼烧灭菌。

④培养：在28℃条件下倒置培养2～3天。

⑤挑菌落：将培养后生长出的单个菌落分别挑取少量细胞划线接种到平板上。

28℃条件下培养2～3天后，再次挑单菌落划线并培养，检查其特征是否一致，同时将细胞涂片染色后用显微镜检查是否为单一的微生物，如果发现有杂菌，需要进一步分离、纯化，直到获得纯培养。

(2) 平板划线分离法。

①倒平板：将培养基加热融化，待冷至55℃～60℃时，混合均匀后倒平板。在小纸片上标明培养基名称、编号、学生姓名和实验日期，用胶水粘在皿底。

②划线：在近火焰处，左手拿皿底，右手拿接种环，挑取上述 10^{-1} 的活性污泥稀释液一环在平板上划线。划线的方法很多，但无论采用哪种方法，目的都是通过划线将样品进行稀释，使之形成单个菌落。常用的划线方法有下列两种：

A. 用接种环以无菌操作挑取活性污泥稀释液一环，先在平板培养基的一边作第一次平行划线3～4条，再转动培养皿约70°角，并将接种环上剩余物烧掉，待冷却后通过第一次划线部分作第二次平行划线，再用同样的方法通过第二次划线部分作第三次划线和通过第三次平行划线部分作第四次平行划线，见图8-3(a)。划线完毕后，盖上培养皿盖，倒置于温室培养。

②将挑取有样品的接种环在平板培养基上作连续划线，见图8-3(b)。划线完毕后，盖上培养皿盖，倒置于温室培养。

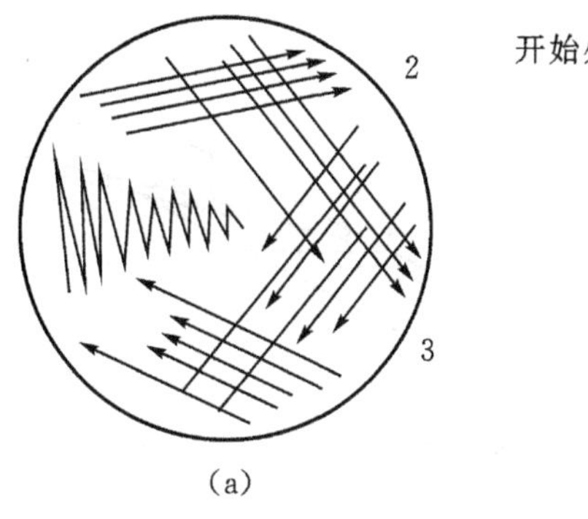

(a)

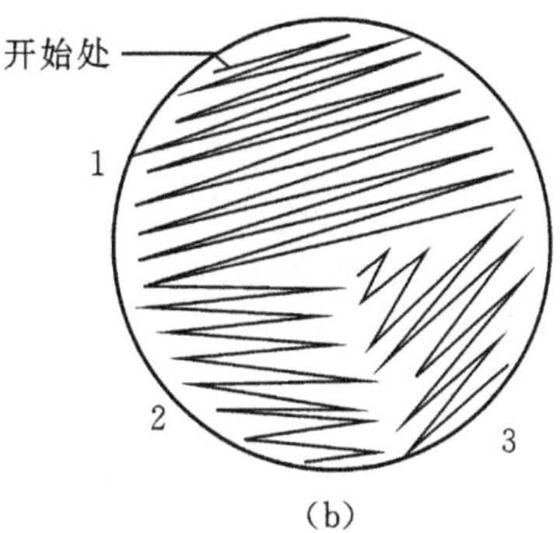

(b)

图8-3 平板划线分离法

③培养观察：划线后的平板在37℃恒温箱中倒置培养24～48h。取出平板，从以下几个方面来观察不同细菌的菌落：

A. 大小：以毫米计。

B. 形状：圆形、不规则形、放射状等。

C. 表面：光滑、粗糙、圆环状、乳突状等。

D. 边缘：整齐、波形、锯齿状等。

E. 色素：有无色素、颜色，是否可溶(可溶色素使培养基着色)等。

F.透明度:透明、半透明、不透明。

④挑菌落:将培养后生长出的单个菌落分别挑取少量细胞划线接种到平板上。37℃恒温箱中倒置培养24~48h后,再次挑单菌落划线并培养,检查其特征是否一致,同时将细胞涂片染色后用显微镜检查是否为单一的微生物,如果发现有杂菌,需要进一步分离、纯化,直到获得纯培养。

2.斜面接种操作

斜面接种技术是将斜面培养基(或平板培养基)的微生物接到另一支斜面培养基上的方法。斜面接种法主要用于接种纯菌,使其增殖后用以鉴定或保存菌种。

(1)接种前将桌面擦净,将所需物品整齐有序地放在桌上。

(2)先点燃酒精灯。

(3)斜面菌种与待接种的斜面培养基持在左手拇指、食指、中指及无名指之间,菌种管在前,接种管在后,斜面向上管口对齐,应斜持试管呈小于45°,注意不要持成水平,以免管底凝集水浸湿培养基表面。以右手在火焰旁转动两管棉塞,使其松动,接种时易于取出。

(4)右手持接种环柄,将接种环垂直放在火焰上灼烧。镍铬丝部分(环和丝)烧红,达到灭菌目的,除手柄部分的金属杆全用火焰灼烧一遍,尤其是接镍铬丝的螺口部分,要彻底灼烧以免灭菌不彻底。用右手的小指和手掌之间及无名指和小指之间拨出试管棉塞,将试管口在火焰上通过,以杀灭可能沾污的微生物。棉塞应始终夹在手中,如掉落应更换无菌棉塞。

(5)将灼烧灭菌的接种环插入菌种管内,先接触无菌苔生长的培养基上,待冷却后再从斜面上刮取少许菌苔,接种环不能通过火焰,应在火焰旁迅速插入接种管。在试管中由下往上做Z形划线(见图8-4)。接种完毕后,接种环应通过火焰抽出管口,并迅速塞上棉塞。灼烧接种环后,放回原处,并塞紧棉塞。将接种管贴好标签,注明菌名、接种日期及班级组别等,再放入试管架,进行培养。

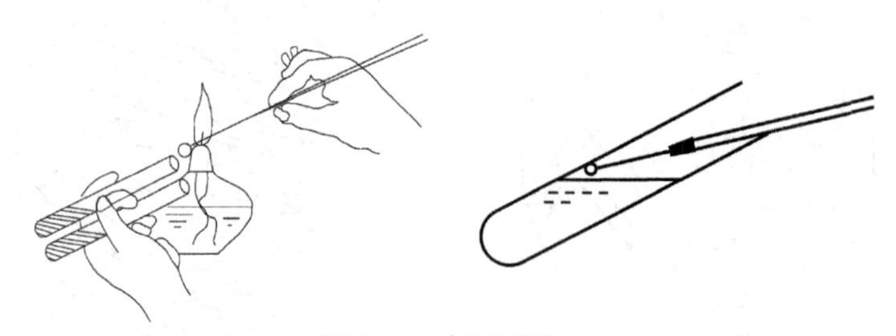

图8-4 斜面接种

8.6.5 实验报告

1.实验结果及记录

分别记录并描绘平板纯种分离培养、斜面接种的微生物生长情况和培养特征。

2.问题讨论

(1)如何确定平板上某单个菌落是否为纯培养?请写出实验的主要步骤。

(2)如果用牛肉膏蛋白胨培养基分离一种对青霉素具有抗性的细菌,你认为该如何做?

(3)试述如何在接种中贯彻无菌操作的原则?

8.7 细菌的革兰氏染色

8.7.1 实验目的

(1)掌握细菌的涂片及革兰氏染色的基本方法和步骤;

(2)了解革兰氏染色法的原理及其在细菌分类鉴定中的重要性。

8.7.2 实验原理

简单染色法用一种染料使细菌着色以显示其形态,但不能辨别细菌细胞的构造。

革兰氏染色法可将所有的细菌区分为革兰氏阴性菌(G^-)和革兰氏阳性菌(G^+)两大类,是细菌学上最常用的鉴别染色法。G^-菌的细胞壁中含有较多易被乙醇溶解的类脂质,而且肽聚糖层较薄、交联度低,故用乙醇或丙酮脱色时溶解了类脂质,增加了细胞壁的通透性,使初染的结晶紫和碘的复合物易于渗出,结果细菌就被脱色,再经蕃红复染后就成红色。G^+菌细胞壁中肽聚糖层厚且交联度高,类脂质含量少,经脱色剂处理后反而使肽聚糖层的孔径缩小,通透性降低,因此细菌仍保留初染时的颜色。

8.7.3 实验器材

(1)菌种:枯草芽孢杆菌12~20h牛肉膏蛋白胨斜面培养物;金黄色葡萄球菌24h牛肉膏蛋白胨斜面培养物;大肠杆菌24h牛肉膏蛋白胨斜面培养物;大肠菌群22~24h伊红美蓝平板培养物。

(2)染色液和试剂:结晶紫、卢哥氏碘液、95%酒精、蕃红。

(3)器材:载玻片、接种杯、酒精灯、擦镜纸、显微镜、二甲苯、香柏油。

8.7.4 实验步骤

1. 制片

将枯草芽孢杆菌、金黄色葡萄球菌和大肠杆菌分别作涂片(注意涂片切不可过于浓厚),进行干燥、固定。固定时通过火焰1~2次即可,以载玻片不烫手为宜。

2. 染色

(1) 结晶紫色初染。

滴加适量(以盖满细菌涂面)的结晶紫染色液染色1~2min,水洗。

(2)碘液媒染。

滴加卢哥氏碘液,媒染1min,水洗。

(3)乙醇脱色。

玻片倾斜连续滴加95%乙醇脱色15s至流出液无色,立即水洗。(革兰氏染色成败的关键是酒精脱色。如脱色过度,革兰氏阳性菌也可被脱色而染成阴性菌;如脱色时间过短,革兰氏阴性菌也会被染成革兰氏阳性菌。)

(4) 蕃红复染。

滴加蕃红复染2min,水洗。

3. 晾干镜检

干燥后,从低倍镜到高倍镜观察,最后用油镜观察。

8.7.5 实验报告

1. 实验结果

绘出在油镜下观察到的 3 种斜面上和 1 种平板上细菌形态图,并注明该菌的形态和颜色,判断出革兰氏染色的阴性和阳性。

2. 问题讨论

(1)说明哪些环节会影响革兰氏染色结果的正确性?其中最关键的环节是什么?

(2)分析染色结果是否正确?请说明原因。

(3)乙醇脱色后复染前,革兰氏阳性菌和阴性菌应分别是什么颜色?

(4)革兰氏染色中,哪一个步骤可以省去而不影响最终结果?

8.8 微生物分子生物学检测技术

8.8.1 活性污泥微生物基因组 DNA 的提取

1. 实验目的

了解利用分子生物学技术研究活性污泥微生物种群的方法,学习和掌握活性污泥中微生物 DNA 的提取方法。

2. 实验材料

(1)试验材料。

取污水处理厂曝气池活性污泥混合液,浓缩后 MLSS 浓度 5000mg/L 以上(不少于 20mL)。

(2)培养基/试剂。

100mmol/L NaCl, 5%十二烷基磺酸钠(Sodium dodecyl sulfate, SDS),10mg/mL 蛋白酶 K,50mmol/L Tris-base,20mmol/L EDTA, 0.01g/mL 聚乙稀吡咯烷酮(pH = 10),3mol/L 乙酸铵,70%乙醇,10mg/mLRNA 酶,GTpureTM Gel/PCR DNA 纯化试剂盒。

(3)仪器、器皿及其他。

冷冻高速离心机、恒温培养箱、恒温摇床、高压灭菌锅。

3. 注意事项

活性污泥中含有复杂的微生物群体,利用分子生物学技术可无需经分离培养直接对污泥中某些特定微生物群落结构与功能的关系进行研究。在 EDTA 以及 SDS 等试剂存在的条件下,用蛋白酶 K 裂解细胞,使 DNA 溶出。采用酚、氯仿抽提可去除蛋白质,无水乙醇沉淀 DNA,RNA 酶消化 RNA。样品中 DNA 的提取过程中应尽量避免 DNA 断裂和降解等各种因素,以保证 DNA 的完整性。由于活性污泥中含有许多杂质,成分比细菌纯提取物繁杂,所以其 DNA 的提取也要相应复杂一些,需要先对其多次洗涤后提取。

4. 操作步骤

(1)在 10mL 无菌离心管中加入 8mL 的样品(泥水混合液),8000r/min,4℃下离心 10min,

弃去上清液。

(2)在离心管中加入灭菌双蒸水 8mL,振荡悬浮污泥,然后 8000r/min,4℃下离心 10min,弃去上清液,该步骤重复 3 次。

(3)污泥洗涤后,在离心管中加入 2mLDNA 提取缓冲液(50mmol/L Tris-base,20mmol/L EDTA,100mmol/L NaCl,0.01g/mL 聚乙稀吡咯烷酮,pH=10)以及 40uL 蛋白酶 K,将污泥与溶液混合均匀,37℃振荡 30min。

(4)振动结束后,加入 2mL5%的 SDS,混匀置 65℃水浴 2h,期间每 20min 轻摇 1 次(摇匀时动作一定要轻,否则 DNA 容易断裂)。

(5)样品于 8000r/min 离心 10 min,取在 DNA 上清液中加入等体积的酚一氯仿(1:1),轻缓混合使溶液呈乳浊液。将乳浊液在室温下,8000r/min 离心 5min,上层水相转移至另一无菌离心管,此步骤重复 3 次。

(6)在水相中加入等体积氯仿,混匀至乳浊状,室温下 8000r/min 离心 5min,水相转移至另一无菌离心管,该步骤重复 3 次。

(7)用 40uL 的 3mol/L 乙酸铵和 4mL 无水乙醇沉淀 DNA,-20℃下放置 30min 后在 10000r/min 离心 20min。用 2mL 的 70%乙醇洗涂沉淀,10000r/min 离心 10min,小心吸去上清液,室温下使残留的液体挥发至干。

(8)将 DNA 沉淀溶于 100uL 灭菌的双蒸水中,加 RNA 酶 3uL,37℃温水浴 20min 消化 RNA。粗制 DNA 采用 DNA 纯化试剂盒纯化,按照纯化试剂盒上的说明进行操作。

(9)纯化后的 DNA 样品在 -20℃保存备用。

8.8.2 16S rRNA PCR 扩增

1. 实验目的

学习和掌握 PCR 反应的基本原理,熟练掌握 PCR 反应的实验技术。

2. 实验材料

(1)样品材料。

纯化的 DNA,参见"活性污泥微生物基因组 DNA 的提取"。

(2)培养基/试剂。

TaqDNA 聚合酶,10×PCR buffer(含 Mg^{2+}),通用引物 F341(5'-CCT ACG GGA GGC AGC AG-3')与 R518(5'-ATT ACC GCG GCT GCT GG-3')(dNTP,DNA Marker,琼脂糖,1×TAE(Tris acetate-EDTA buffer),Goldview 型核酸染色剂,6× loading buffer。

1×TAE 配制:称取 Tris 242g,$Na_2EDTA \cdot H_2O$ 37.2g,加入 1L 烧杯中,然后加入 800mL 去离子水,充分搅拌溶解;加入 57.1 mL 的醋酸,充分混匀;加去离子水定容至 1L,室温保存,此为 50℃×TAE。需要使用 1×TAE 的时候,取 1mL50×TAE 加入 49mL 的去离子水,混匀即可。

(3)仪器、器皿及其他 PCR 仪、凝胶电泳仪。

3. 实验原理

多聚酶链式反应的原理类似于 DNA 的天然复制过程。在待扩增的 DNA 片段两侧和与其两侧互补的两个寡核苷酸引物,经变性、退火和延伸后,DNA 扩增 2^n 倍。变性是加热使模板 DNA 在高温(94℃)变性,双链间的氢键断裂而形成两条单链;退火是使溶液温度降至 50℃~

60℃，模板 DNA 与引物按碱基配对原则互补结合；延伸阶段为将溶液反应温度控制至 72℃，耐热 DNA 聚合酶以单链 DNA 为模板，在引物的引导下，利用反应混合物中的 4 种脱氧核苷酸（dNTP），按 5'或 3'方向复制出互补 DNA，即引物的延伸阶段。高温变性、低温退火、中温延伸这三个步骤为一个循环，每经过一个循环，样本中的 DNA 量理论上增加一倍，然后新形成的链又可以成为新的一轮循环的模板，经过 25～30 个循环后 DNA 可以扩增 10^6～10^9 倍。

4. 操作步骤

(1)反应体系：2.5uL 10 × PCR buffer，2.0uL 2.5mmol/L 的 dNTP，1.2uL 上游引物（F341－GC），1.2uL 下游引物(R518)，3.0uL 模板，0.6uL Taq 酶，补足 ddH_2O 至 25uL。

(2)扩增条件：95℃预反应 5min；94℃变性 1min；56℃ 反应 1min；72℃退火 1.5min，反应循环 35 次；72℃延伸 10min；15℃保温 60min。

(3)2%的琼脂糖凝胶电泳。

(4)在紫外装置中观察电泳结果，检测 PCR 扩增出目的条带的情况。

8.8.3 污水中大肠杆菌 PCR 快速检测

大肠杆菌(Escherichia coli)作为水质卫生学指标，在环境水质监测中起着非常重要的指示作用，常规采用费时较长的多管发酵法（MPN）和滤膜法（MF）等细菌学方法检测。近年来为了克服大肠杆菌常规监测方法的不足，出现了许多基于现代生物技术原理展开的大肠杆菌快速检测技术。lac Z 基因编码 β－半乳糖苷酶，针对大肠杆菌中特有的 lac Z 靶基因 DNA 序列进行 PCR 扩增和检测，可特异性地显示污染水体中大肠杆菌的存在，而且分析时间短(4～5h)，具有简便、快速和灵敏度高等优点。敏感性检验是测定不同稀释浓度下的大肠杆菌，该技术可以检测到 10^{-1}CFU 水平；特异性检验则用于观察是否仅出现大肠杆菌谱带。

1. 实验目的

掌握 PCR 方法快速、特异检测大肠杆菌的方法。

2. 实验材料

(1)供试菌株

大肠杆菌(Escherichia coli)标准株，金黄色葡萄球菌(Staphylococcus aureus)，枯草芽孢杆菌(Bacillus subtilis)；待检水样。

(2)培养基/试剂。

0.5mol/L EDTA，1mol/L Tris-HCl，5mol/L NaCl，10×TE，STE 缓冲液（10mmol/L Tris-Cl，0.1mol/L NaCl，1mmol/L EDTA），10.5mol/L NH_4Ac，10% 十二烷基磺酸钠(Sodium dodecyl sulfate，SDS)，95%乙醇，70% 乙醇，TaqDNA 聚合酶，正向引物 20μmol/L 及反向引物 20μmol/L，DNA Marker，dNTP，琼脂糖，I×TAE，6×loading buffer。

10×TE 配制：1mol/L Tris-HCl Buffer (pH8.0) 100mL，500mmol/L EDTA (pH8.0) 20mL，向烧杯中加入约 800mL 的去离子水，均匀混合。将溶液定至 1L 后，高温高压灭菌。

(3)仪器、器皿及其他。

PCR 仪、水浴锅、培养箱、电泳仪、自动微量移液器(各型号)、滤膜、PCR 管、离心管。

3. 操作步骤

(1)水样的处理及模板 DNA 的制备。

①将水样用 0.22μm 孔径的滤膜过滤，在无菌条件下将滤膜上的滤渣用无菌水冲洗干净，

用 5000r/min 离心 20min，收集微生物沉淀。

②加入 1mLSTE 缓冲液和 1mL10%SDS，75℃水浴 30min，8500r/min 离心 10min。

③取上清液，加预冷的 95%乙醇和 10.5mol/L 醋酸铵，于 −20℃沉淀至少 2h，5000r/min 离心 15min。

④取上清液，加氯仿，振荡，以 8500r/min 离心 5min。

⑤取上清液，加酚/氯仿(3∶1)振荡，以 8500r/min 离心 5min。

⑥重复再做一次步骤③。

⑦取上清液，加入 1/10 体积的 10.5mol/L 醋酸铵和 1.5 倍体积 95%乙醇，−20℃至少沉淀 1h。

⑧以 12000r/min 离心 10 min。

⑨弃上清液，以 70%乙醇洗涤沉淀，然后溶解于 100μL 无菌超纯水中，−20℃保存备用。

⑩用 1%的琼脂糖凝胶电泳检测模板 DNA。

(2)lacZ 基因的 PCR 扩增。

lacZ 引物 1：ZL−1675(5'−ATGAAAGCTGCTCAGGAAGGCC−3')；

引物 2：ZR−2025(5'−GGTTTATGCAGCAACGAGACGTCA−3')。

①PCR 扩增体系。

按次序将各成分加载 0.5mLPCR 薄壁管内混合：10×buffer（含 Mg^{2+}）5μL，dNTP (20mmol/L) 1μL，ZL−1675 (20μmol/L) 2.5μL，ZR−2025 (20μmol/L) 2.5μL，模板 DNA 5～10μL，TaqDNA 聚合酶 1～2U，补足 ddH_2O 至总体积 50μL。

②PCR 循环。

按以下程序进行 PCR 扩增：95℃预变性 5min，95℃变性 60s，56℃退火 60s，72℃延伸 2min，循环 30 次，扩增结束后 72℃延伸 10min，4℃保存。

(3)灵敏性检测。

①将纯培养的大肠杆菌标准株稀释不同的浓度按(1)步骤开始提取 DNA。

②按步骤(2)PCR 扩增目的基因。

③将扩增结果在 1.5%的琼脂糖凝胶电泳，在紫外灯下观察 PCR 扩增电泳结果，观察和比较不同稀释度下谱带的浓淡和位置。

(4)特异性检测。

①将纯培养的金黄色葡萄球菌和枯草芽孢杆菌按(1)步骤开始提取 DNA。

②按步骤(2)PCR 扩增目的基因。

③对水样、大肠杆菌标准株、金黄色葡萄球菌和枯草芽孢杆菌等的扩增结果在 1.5% 的琼脂糖上进行凝胶电泳检测，在紫外灯下观察 PCR 扩增电泳结果，检测是否仅水样和大肠杆菌标准株出现在谱带中。

第9章 环境监测与评价实验

9.1 校园水质监测与评价——景观水的浊度和溶解氧测定

浊度采用浊度计法、溶解氧采用碘量法。

9.1.1 实验目的

(1)了解测定浊度和溶解氧的意义和方法;

(2)掌握浊度仪的使用和碘量法测定溶解氧的操作技术。

9.1.2 实验原理

1. 散射光浊度仪测定

当光射入水样时,构成浊度的颗粒物对光发生散射,散射光强度与水样的浊度成正比。浊度是反映水中的不溶解物质对光线通过时阻挡程度的指标,是衡量水质良好程度的最重要指标之一。浑浊度的降低就意味着水体中的有机物、细菌、病毒等微生物含量减少。

2. 水中 DO 的测定

溶解于水中的分子态氧称为溶解氧。当水中受到还原性物质污染时,溶解氧下降,而当有藻类繁殖时,溶解氧呈过饱和状态,因此水体中溶解氧的变化在一定程度上反映水体受污染的程度。

碘量法测定溶解氧的原理:二价氢氧化锰在碱性溶液中,被水中溶解氧氧化成四价锰,并生成氢氧化物沉淀,但在酸性溶液中生成四价锰化合物又能将碘化钾氧化而析出碘。析出碘的摩尔数与水中溶解氧的当量数相等,因此可用硫代硫酸钠的标准溶液滴定。根据硫代硫酸钠的用量计算出水中溶解氧的含量,含量与空气中氧的分压、大气压力、水温及含盐量等因素密切相关。清洁地表水 DO 接近饱和,当水中 DO 低于 4 mg/L 时,水质恶化,水源有臭味。

①往水中加入 $MnSO_4$ 溶液和 KI-NaOH 溶液,使 $MnSO_4$ 和 NaOH 生成 $Mn(OH)_2\downarrow$,其化学性质极不稳定,迅速与水样中的溶解氧化合生成 $MnO(OH)_2$[氢氧化氧锰(四价)棕色沉淀],DO 越多颜色越深。

$$MnSO_4 + 2NaOH \rightarrow Mn(OH)_2\downarrow + Na_2SO_4 \tag{9-1}$$

$$2Mn(OH)_2 + O_2 \rightarrow 2MnO(OH)_2\downarrow \tag{9-2}$$

②加入浓硫酸,已经化合的 DO [以 $MnO(OH)_2$ 的形式存在]与溶液中所加入的 KI 起氧化作用而析出 I_2,DO 越多析出 I_2 越多,溶液颜色也越深。

$$MnO(OH)_2 + 2H_2SO_4 \rightarrow Mn(SO_4)_2 + 3H_2O \tag{9-3}$$

$$Mn(SO_4)_2 + 2KI \rightarrow MnSO_4 + K_2SO_4 + I_2 \tag{9-4}$$

③用移液管取一定量反应完毕的水样，以淀粉作指示剂，用 $Na_2S_2O_3$ 标准溶液滴定，计算出水样中 DO 的含量。

$$2Na_2S_2O_3 + I_2 \rightarrow Na_2S_4O_6 + 2NaI \quad (9-5)$$

（此反应是容量分析碘量法的基础，S 的氧化数为 2.5。$Na_2S_4O_6$ 是连四硫酸钠，白色粉末，不稳定，既有氧化性又有还原性。可用碘或过氧化氢与 $Na_2S_2O_3$ 氧化生成。）

9.1.3 实验仪器与试剂

1. 浊度

仪器：SZD－2 型光电浊度计。

2. 溶解氧

①仪器：250mL 溶解氧瓶、移液管、25mL 滴定管、滴定架、250mL 锥形瓶。

②试剂：

a. 浓硫酸 H_2SO_4（比重 1.84），分析纯。

b.（1＋5）硫酸：10mL 浓硫酸缓慢加入 50mL 水中，不断搅拌冷却后装瓶中。

c. 硫酸锰溶液：称取 480g 硫酸锰 $MnSO_4 \cdot 4H_2O$（400g $MnSO_4 \cdot 2H_2O$ 或 364g $MnSO_4 \cdot H_2O$）溶于去离子水中，过滤并稀释至 1000mL。

d. 碱性碘化钾溶液：称取 500g NaOH 溶于 300～400mL 去离子水中（NaOH 表面吸收 CO_2 生成 Na_2CO_3，有沉淀生成），另称取 150g KI（或 135g NaI）溶于 200mL 去离子水中，待 NaOH 溶液冷却后，将两溶液合并混匀，用去离子水稀释至 1000mL。静置 24h 使 Na_2CO_3 下沉（可过滤除去），倒出上层澄清液，贮于棕色瓶中。用橡皮塞塞紧，避光保存。

e. 1% 淀粉溶液：称取 1g 可溶性淀粉，用少量水调成糊状加水 100mL，加热煮沸。

f. 重铬酸钾（1/6 $K_2Cr_2O_7$＝0.02500mol/L）标准溶液：称取 $K_2Cr_2O_7$ 1.2258g（105℃～110℃烘干 2h 并冷却），溶于蒸馏水/去离子水中，转移至 1000mL 容量瓶中，用水稀释至刻线，摇匀。

g. 硫代硫酸钠溶液：称取 6.2g 硫代硫酸钠（$Na_2S_2O_3 \cdot 5H_2O$），溶于 1000mL 煮沸放凉的蒸馏水/去离子水中，加入 0.4g NaOH 或 0.2g Na_2CO_3，贮于棕色瓶中，浓度约为 0.025mol/L。

③标定：临用前，必须用 0.02500mol/L $K_2Cr_2O_7$ 标准溶液，准确标定 $Na_2S_2O_3$ 溶液浓度，每组做两个平行样。于 250mL 锥形瓶中，加入 25mL 蒸馏水/去离子水和 0.5g 固体 KI，用移液管吸取 10.00mL $K_2Cr_2O_7$ 标准溶液（0.02500mol/L）、5mL（1＋5）H_2SO_4 溶液密塞，摇匀，此时发生下列反应：

$$K_2Cr_2O_7 + 6KI + 7H_2SO_4 \rightarrow 4K_2SO_4 + Cr_2(SO_4)_3 + 7H_2O + 3I_2 \quad (9-6)$$

$$2Na_2S_2O_3 + I_2 \rightarrow Na_2S_4O_6 + 2NaI \quad (9-7)$$

置于暗处 5min，取出后用已标定过的硫代硫酸钠溶液滴定至由棕色变为淡黄色（注意不要滴定过量）时，加入 1mL 淀粉溶液，继续滴定至蓝色刚好褪去为止，记录用量 V。

$$M = 10.00 \times 0.02500 / V \quad (9-8)$$

式中 M——硫代硫酸钠的浓度（mol/L）；

V——滴定时消耗硫代硫酸钠的体积（mL）。

9.1.4 实验步骤

(1)取样:采集河、湖表面的水样时,先用水样冲洗溶解氧瓶后,将大量杯浸入水面下 20～30cm 处,采集水样后,将水注入溶解氧瓶中,溢出 1/3～1/2。水样采集后,为防止 DO 的变化,应现场加固定剂于样品中,并存于冷暗处。记录当前气温、大气压,同时测定水温和 pH 值。

注意:水样不要曝气或有气泡残存在瓶中。

(2)DO 的固定:取下瓶塞,移液管插入瓶内液面下 1cm 处,加入 1mL $MnSO_4$ 溶液;按上法,加入 2mL 碱性 KI 溶液。将瓶颠倒混合数次,静置。待沉淀降至瓶内一半时,再颠倒混合一次,待沉淀物下降至瓶底。

(3)析出碘:拿回实验中心待用。

各组先将硫代硫酸钠溶液标定做完后,再将现场固定 DO 的溶解氧瓶打开,用移液管插入液面下 1cm 处加入 2 mL 浓 H_2SO_4,倾斜瓶体盖紧瓶塞。颠倒混合,直至沉淀物全部溶解为止。放置暗处反应 5 min。

(4)滴定:用移液管吸取 100.00 mL 上述溶液于 250 mL 锥形瓶中,用标定后的 $Na_2S_2O_3$ 标准溶液滴定至溶液呈淡黄色(注意不要滴定过量),加入 1 mL 淀粉溶液。继续滴定至蓝色刚刚褪去,记录硫代硫酸钠溶液用量 V。

$$\mathrm{DO}[\mathrm{O_2},\mathrm{mg/L}] = \frac{M \times V \times 8 \times 1000}{100} \tag{9-9}$$

式中 M——硫代硫酸钠溶液浓度(mol/L);

V——硫代硫酸钠溶液用量(mL)。

9.1.5 实验数据记录整理与评价

(1)实验数据记录整理。

(2)依据对若祁湖的测定结果(pH 值、浊度和溶解氧及氧饱和度——见附表 E),依据《地表水环境质量标准》(GB 3838—2002)等进行综合评价。

9.2 校园水质监测与评价——生活污水水质悬浮物、化学需氧量测定

9.2.1 水质悬浮物的测定——重量法

1. 实验目的

(1)了解测定水质悬浮物的意义和方法;

(2)掌握重量法测定水质悬浮物的操作技术。

2. 实验原理

水样通过定量滤纸,截留在滤纸上并于 103℃～105℃烘干至恒重的物质,称不可滤残渣(悬浮物,SS)。生活污水和工业废水中含大量无机、有机悬浮物,易堵塞管道、污染环境,为必测指标。

3. 实验仪器与试剂

(1)仪器:天平、烘箱、干燥器、称量瓶、滤纸、无齿扁咀镊子、漏斗、锥形瓶。

(2)试剂:蒸馏水或同等纯度的水。

4. 采样与样品储存

(1)采样:在采样之前,先清洗干净小桶,再用即将采集的水样清洗三次。然后采集具有代表性的水样一小桶,带回实验中心。现场记录气温和大气压、水温和 pH 值。

注意:漂浮或浸没的不均匀固体物质不属于悬浮物质,应从水样中除去。

(2)样品贮存:测定水中 SS 使用新鲜水样,采样后应尽快完成分析测试,避免存放时间过长。水样测试前不能加任何试剂,以免影响水样化学成分和组成。如需放置,应贮存在 4 ℃冷藏箱中,但最长不得超过七天。

(3)采样类型:一般分为瞬时采样、混合采样(同地点,不同时段采集,混匀)、综合采样(不同地点,同时段采集,混匀)等三类。生活污水实验采用混合采样。

5. 实验步骤

(1)滤纸准备:先用蒸馏水洗涤定量滤纸,去除可溶性物质后,放于称量瓶里(开盖),移入烘箱中于 103℃～105℃烘干两小时后,取出称量瓶(盖好盖子)置干燥器内冷却至室温,称重。反复烘干、冷却、称量,直至两次称量的重量差≤0.4mg。将恒重的定量滤纸放在漏斗里,以蒸馏水湿润滤纸,并不断吸滤。

(2)测定:用 100mL 量筒取 50mL 水样过滤(搅拌均匀)。使水样全部通过滤纸,再以少许蒸馏水连续洗涤量筒两次,继续吸滤以除去痕量水分。停止吸滤后,仔细取出载有悬浮物的滤纸,放在原恒重的称量瓶里,移入烘箱中(打开称量瓶盖子)于 103℃～105℃下烘干两小时后,盖住称量瓶盖子后移入干燥器中,使冷却到室温,称重。反复烘干、冷却、称量,直至两次称量的重量差≤0.4mg。

补充:滤纸上截留过多的悬浮物可能夹带过多的水分,除延长干燥时间外,还可能造成过滤困难,遇此情况,可酌情少取试样。滤纸上悬浮物过少,则会增大称量误差,影响测定精度,必要时,可增大试样体积。一般以 5～100 mg 悬浮物量作为量取试样体积的实用范围。

(3)计算:

$$C = \frac{(A - B)}{V} \times 10^6 \tag{9-10}$$

式中 C——水中悬浮物浓度(mg/L);

A——悬浮物、滤纸、称量瓶重量之和(g);

B——滤纸和称量瓶重量(g);

V——试样体积(mL)。

6. 实验数据记录整理与评价

(1)实验数据记录整理。

(2)依据对生活污水的测定结果,依据《污水综合排放标准》(GB 8978—1996)等进行综合评价。

9.2.2 化学需氧量的测定——重铬酸钾法

1. 实验目的

(1)了解测定化学需氧量的意义和方法;

(2)掌握重铬酸钾法测定化学需氧量的操作技术。

2. 实验原理

水中 COD 的测定，以重铬酸钾作氧化剂。根据重铬酸钾法的氧化还原反应，即在水样中加入过量的重铬酸钾及催化剂硫酸银(使不易氧化的直链烃被氧化)，在强酸性介质中加热回流一定时间，部分重铬酸钾被水样中可氧化物质还原，用硫酸亚铁铵滴定剩余的重铬酸钾，根据消耗重铬酸钾的量计算 COD 的值。

$$Cr_2O_7^{2-} + 14\ H^+ + 6\ e \rightarrow 2Cr^{3+} + 7\ H_2O \tag{9-11}$$

过量的重铬酸钾用试亚铁灵(Ferroin)作指示剂用标准硫酸亚铁铵滴定。

$$Cr_2O_7^{2-} + 14\ H^+ + 6\ Fe^{2+} \rightarrow 6\ Fe^{3+} + 2\ Cr^{3+} + 7\ H_2O \tag{9-12}$$

3. 实验仪器与试剂

(1)仪器：250mL 全玻璃回流装置、加热装置（电炉）、25mL 酸式滴定管、移液管、滴定架、250mL 锥形瓶、防爆沸玻璃珠。

(2)试剂：

①浓硫酸(比重 1.84)，分析纯。

②结晶硫酸银，分析纯，保存于暗处。

实验室提供：

③硫酸—硫酸银溶液：向 1L 浓硫酸中加入 10g 硫酸银，放置 1～2 天使之溶解，并混匀，使用前小心摇动。

④试亚铁灵指示剂：称取 0.7g 硫酸亚铁($FeSO_4 \cdot 7H_2O$)于 50mL 水中，加入 1.5g 邻菲啰啉($C_{12}H_8N_2 \cdot H_2O$，1，10－phenanthroLine)，搅动至溶解，加水稀释至 100mL，储存于棕色瓶。

⑤重铬酸钾标准溶液 $C(1/6K_2Cr_2O_7=0.2500mol/L)$：将 12.258g 在 105℃干燥 2h 后的重铬酸钾溶于水中，稀释至 1000mL。可测定大于 50mg/L 的 COD 值，未经稀释的水样测定上限是 700mg/L，超过此限必须稀释后测定。用 0.0250mol/L 的重铬酸钾标准溶液可测定 5～50mg/L 的 COD 值，但低于 10mg/L 时测量准确度较差。

学生自配：

⑥硫酸亚铁铵标准溶液 $C[(NH_4)_2Fe(SO_4)_2] \approx 0.05mol/L$：溶解 20g 硫酸亚铁铵 $[(NH_4)_2Fe(SO_4)_2 \cdot 6H_2O]$于水中，加入 10mL 浓硫酸，待其溶液冷却后移入 1000mL 容量瓶中，加水稀释至标线，摇匀。

标定：临用前，必须用 0.2500mol/L $K_2Cr_2O_7$ 标准溶液，准确标定 $(NH_4)_2Fe(SO_4)_2$ 溶液浓度，每组做两个平行样。准确吸取 5.00mL 重铬酸钾标准溶液置于 250mL 锥形瓶中，用水稀释至约 60mL，缓慢加入 15mL 浓硫酸，混匀。冷却后，加 2 滴(约 0.1mL)试亚铁灵指示剂，用硫酸亚铁铵滴定溶液的颜色由黄色经蓝绿色变为红褐色，即为终点。记录下硫酸亚铁铵的消耗量 V(mL)。

$$C[(NH_4Fe(SO_4)_2] = \frac{0.2500 \times 5.00}{V} \tag{9-13}$$

式中：V 为滴定时消耗硫酸亚铁铵溶液的毫升数(mL)。

4. 实验步骤采样与样品保存

水样采集于玻璃瓶中，应尽快分析，如不能立即分析时，应加入浓硫酸调至 pH<2，置4℃

下保存，但保存时间不多于5天。采集水样的体积不得少于100mL。

5. 实验步骤

(1)对于COD值小于50mg/L的水样，应采用低浓度0.02500mol/L的重铬酸钾标准溶液氧化，加热回流以后，采用低浓度的硫酸亚铁铵标准溶液回滴。

(2)该方法对未经稀释的水样其测定上限为700mg/L，超过此限时必须经稀释后测定。

(3)对于污染严重的水样，可选取所需体积1/10的水样和1/10的试剂，放入10×150mm硬质玻璃管中，摇匀后，用酒精灯加热至沸数分钟，观察溶液是否变成蓝绿色。如呈蓝绿色，应再适当少取水样，重复以上试验，直至溶液不变蓝绿色为止，从而确定待测水样适当的稀释倍数。

(4)取10.00mL混合均匀的水样(或取适量水样稀释至10.00mL)至250mL磨口回流锥形瓶中，准确加入5.00mL重铬酸钾标准溶液及数粒防爆沸玻璃珠，连接磨口回流冷凝管，从冷凝管上口缓慢加入15mL硫酸—硫酸银溶液，轻轻摇动锥形瓶使溶液混合，加热回流2h(沸腾计时)。

(5)空白试验：测定水样的同时，以10.00mL蒸馏水代替水样，按相同操作步骤做空白试验。记录滴定空白时消耗硫酸亚铁铵标准溶液的用量V_0。

(6)回流结束冷却后，用50mL水冲洗冷凝管壁，取下锥形瓶。溶液(总体积不得少于70mL，否则因酸度太大，滴定终点不明显)再度冷却后，加2滴试亚铁灵指示液，用硫酸亚铁铵标准溶液滴定，溶液的颜色由黄色经蓝绿色至红褐色即为终点，记录硫酸亚铁铵标准溶液的用量V_1。则计算公式为：

$$COD_{cr}(O_2,mg/L)=\frac{(V_0-V_1)\times C\times 8\times 1000}{V} \quad (9-14)$$

式中 C——硫酸亚铁铵标准溶液的浓度(mol/L)；

V_0——滴定空白时消耗硫酸亚铁铵标准溶液的体积(mL)；

V_1——滴定水样时消耗硫酸亚铁铵标准溶液的体积(mL)；

V——水样的体积(mL)。

5. 实验数据记录整理与评价

(1)实验数据记录整理。

COD_{Cr}的测定结果应保留三位有效数字，各组数据共享并进行狄克松检验。

(2)对9.1与9.2监测结果依据《污水综合排放标准》(GB 8978—1996)等进行综合评价，说明学校污水排放是否符合国家标准，是否达标排放。

第10章 水质工程学Ⅰ实验

10.1 混凝实验

10.1.1 实验目的

(1)观察混凝过程中絮体的形成过程;

(2)确定某浑浊水样的最佳混凝剂投药量和混凝最佳 pH 值;

(3)了解搅拌强度、搅拌时间、原水浊度、pH 值、加药量等因素对混凝效果的影响,了解实际生产过程中混凝工艺的控制原理。

10.1.2 实验原理及方法

以混凝沉淀过滤消毒为核心的常规水处理工艺主要是去除水中的胶体物质和病原微生物,混凝阶段主要完成水中胶体颗粒脱稳和絮体形成。在混凝阶段通过投加混凝剂,依靠压缩双电层、吸附电中和、吸附架桥和网捕卷扫等作用达到胶体脱稳,通过异向絮凝和同向絮凝的方式形成具有显著沉降能力的絮体。根据胶体脱稳凝聚成长的过程特征,将混凝过程一般划分为混合和反应两个阶段。混合阶段要求达到混凝剂在水中的快速分散,并形成目视难以发现的微絮凝体,反应阶段则要求形成较密实可沉降的大粒径絮体。整个混凝过程中的影响因素包括水温、pH 值、碱度及悬浮物含量及水力条件(搅拌强度、搅拌时间)。

与混凝过程的工程实现相对应,采用搅拌实验的方法对混凝过程及影响因素进行实验观察和分析,重点是围绕絮凝体成长需要,调整响应的搅拌强度和搅拌时间,并以上清液剩余浊度作为混凝效果的评判标准。同时通过速度梯度 G 值的计算,将实验与生产工艺控制参数联系起来。

10.1.3 实验设备及用品

实验水样;六联混凝搅拌机;光电浊度仪;温度计;酸度计;量筒(1000mL);1mol/L HCL 溶液;1mol/L NaOH 溶液;1% $Al_2(SO_4)_3$溶液。六联混凝搅拌机示意图如图 10-1 所示。

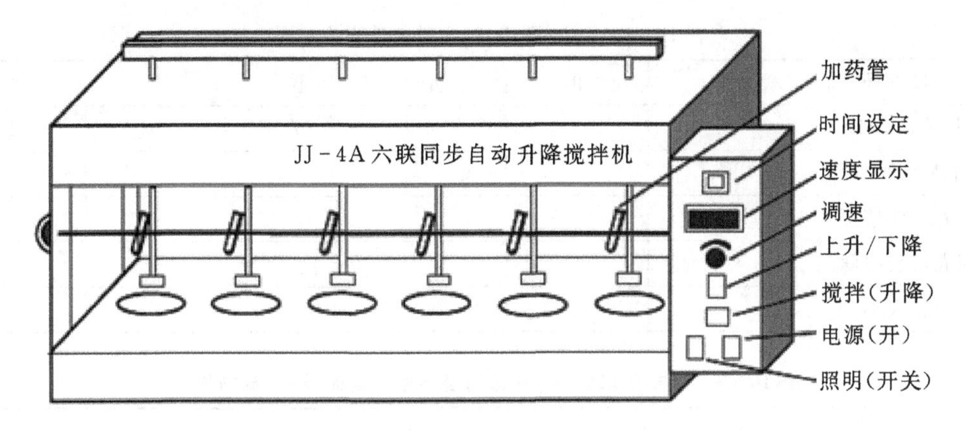

图10-1 六联混凝搅拌机示意图

10.1.4 实验步骤

(1)测定原水水样的浊度、水温和pH值,记录在表10-1中。

(2)六联混凝搅拌机、酸度计及光电浊度仪等仪器调试和使用。

(3)制备水样:原水水样(每份水量不少于5000mL)三份,其中取一份为原水(中性);取一份原水用酸(HCL)调节其pH值为酸性(3～5);取一份原水用碱(NaOH)调节其pH值为碱性(8～10),并准确测定pH值。

(4)水样制备好后,用前要搅拌均匀,用1000mL量筒分别量取800mL水样(先倒一半,摇晃均匀将剩余部分全部倒入)于六个实验杯中。

(5)实验杯分别放在搅拌机六个叶片位置下(叶片轴心应对准实验杯的中央)。调整空加药管位置,保证加药时混凝剂全部倒入实验杯中。用移液管分别移取1mL、3mL、5mL、7mL、9mL、11mL混凝剂于各加药试管中。

(6)开动搅拌机,第一阶段:转速300r/min,同一时刻迅速将药剂加入水样实验杯中,搅拌1min,为快速混合阶段。

(7)第二阶段:50r/min,搅拌10min,为絮凝反应阶段。

(8)观察搅拌过程中矾花形成过程,记录矾花出现时间及大小。

(9)第三阶段:停机,静沉20min后,为沉降阶段。从实验杯出水口处取水样,测剩余浊度,记入表格。

(10)比较实验结果,选取剩余浊度最小对应最小投药量为最佳投药量,选择最佳pH值。

10.1.5 实验数据记录整理与问题讨论

1.实验数据记录整理

(1)原水及混凝剂等实验参数见表10-1。

表10-1 实验参数

浊度/NTU	水温/℃	pH值	混凝剂种类	混凝剂浓度/%

(2)水样酸性、碱性或中性实验数据记录,见表10-2和表10-3。

表 10－2　水样酸性、碱性或中性实验数据　　　　pH＝

水样编号	Ⅰ	Ⅱ	Ⅲ	Ⅳ	Ⅴ	Ⅵ
投药量/mL	1	3	5	7	9	11
上清液浊度/NTU						
矾花沉淀情况						
矾花出现时间						
矾花大小						

表 10－3　混凝剂用量及 pH 值对混凝效果的影响(共享数据)

pH 值 \ 残余浊度 \ 投药量		1 mL	3 mL	5 mL	7 mL	9 mL	11 mL
酸性	pH1＝						
	pH2＝						
中性	pH3＝						
	pH4＝						
碱性	pH5＝						
	pH6＝						

(3)实验结果分析。

①作出剩余浊度—投药量曲线(pH 值分别为中性、酸性和碱性)。

②确定每个水样的最佳投药量及最佳 pH 值。

2. 问题讨论

(1) 解释天然水中胶体颗粒稳定存在的原因。

(2) 根据实验结果及实验所观察到的现象,简述影响混凝的几个主要因素?

(3) 为什么投加最大药量时,混凝效果不一定好?

10.1.6　拓展性实验内容

(1)调整不同的搅拌桨转速和搅拌时间,进行结果对比。主要调整条件可以考虑增加反应阶段的转速。

(2)测量搅拌桨的几何尺寸,计算实验不同阶段搅拌强度(G 值),并与设计规范中有关搅拌时间和搅拌强度的规定进行比较,分析混凝试验与实际生产混凝过程的差异。

(3)条件允许的情况下,可以考虑增加不同加药量条件下 ζ 电位测量的内容。

10.2　颗粒自由沉淀实验

10.2.1　实验目的

(1)了解絮体沉淀规律,了解自由沉淀的定义、规律及特点;

(2)掌握絮体颗粒自由沉淀的实验方法和沉降曲线绘制及分析计算方法。

10.2.2 实验原理

自由沉淀是悬浮颗粒在沉淀构筑物中沉降的一种类型,其特征是悬浮颗粒在沉淀过程中不发生碰撞,颗粒保持大小形状以及沉速不变、各自独立完成沉淀过程,自由沉淀的颗粒沉速在层流区符合斯笃克斯(Stokes)公式。由于水中颗粒的复杂性,颗粒粒径、颗粒相对密度很难或无法准确的测定,因而沉淀效果、特性无法通过公式求得,必须通过静沉实验测定。另一方面,通过自由沉淀实验可以反推出不规则形状颗粒的等效粒径。

自由沉淀时颗粒等速下沉,沉速与沉淀高度无关,因而自由沉淀可在一般沉淀柱内进行,但其直径应足够大($D \geqslant 100$ mm),避免颗粒沉淀受柱壁干扰。

将搅拌均匀的混合水样送入沉淀柱中,试验开始时($t=0$)水中的悬浮颗粒在整个水深中均匀分布,悬浮物浓度为 C_0。随后,按选定的时间 t_1、t_2、t_3…,从取样口取出一定体积(小于1%水样总体积)水样,测定悬浮物浓度 C_1、C_2、C_3…,设取样口到水面的高度为 h,则 t_1、t_2、t_3…时对应的沉淀速度分别是 $u_1=h/t_1$、$u_2=h/t_2$、$u_3=h/t_3$…的颗粒恰好沉淀到取样口下,即这些颗粒在整个 h 高度内已经不复存在了,所以 u 就是从水面开始在沉淀时间 t 可以沉降 h 高度的最小颗粒的沉速,我们把这一沉速叫做特征沉降速度(简称特征沉速)。以 $P_1=C_1/C_0$、$P_2=C_2/C_0$、$P_3=C_3/C_0$…分别代表 t_1、t_2、t_3…时颗粒在取样口断面处的残留率。以 P 纵坐标、u 为横坐标绘制 P-u 曲线(见 10-2),根据这条曲线可以推导沉速为 u_d时悬浮颗粒的去除率。

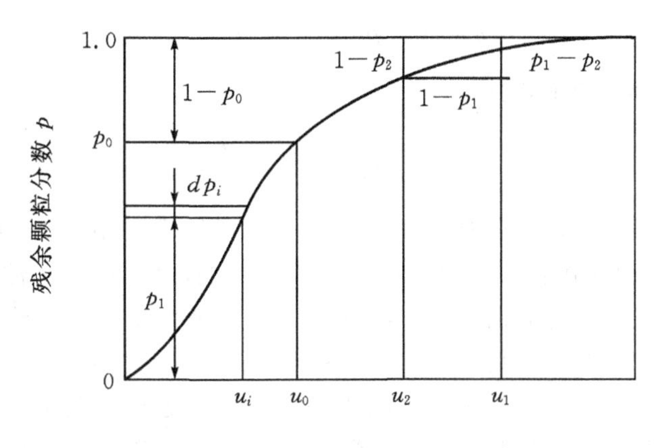

图 10-2 剩余量 P_k—沉速 u_K 关系曲线

为便于分析,设沉速分别是 u_1、u_2、u_3…u_k…u_n 颗粒在整个悬浮物中所占的百分数分别为 p_1、p_2、p_3…p_k…p_n。这些颗粒在沉淀开始时($t=0$)在整个沉淀高度 h 中的分布是均匀的,将不同尺寸的悬浮粒子分开考虑。这些粒子混合在一起叠加,就是初始时刻整个悬浮物的分布。

假定沉速为 u_1的颗粒在 t_1恰好下沉 h 高度($h=t_1 \cdot u_1$),那么从水面至取样口范围内的 u_1 颗粒已经全部沉到取样口以下,在整个水深 h 中不会存在 u_1 颗粒,而 u_2、u_3… 这些颗粒有所不同,它们分别沉降高度是 $u_2 \cdot t_1$、$u_3 \cdot t_1$…,均小于 h,假设颗粒是以队列的形式规则下移,那么在水深 $u_2 \cdot t_1$、$u_3 \cdot t_1$…以下,u_2、u_3… 这些颗粒仍然保持原来的分布情况,在水深 h 范围内依然还存在这些颗粒。经过一定时间沉淀后,悬浮物固体浓度是沿整个水深 h 变化的,因此在某时刻(如 t_1)从取样口取的水样,只代表此时刻取样口断面处悬浮物的分布情况,所测定的悬浮

物浓度 C 只代表此时刻经沉淀后取样口断面处悬浮固体浓度。在 t_1 时刻从取样口所取的水样中，除了 u_1 颗粒完全被去除外，其他颗粒在取样水中的浓度完全没有变化，$E_1=1-p_1$ 代表的是 u_1 颗粒的去除率(即 u_1 颗粒所占的比例 p_1)，若 u_1 代表的是特征沉速，则 E_1 代表的是沉速大于等于特征沉速颗粒的去除率。经过 t_1 时间沉淀后除了大于等于特征沉速的颗粒被完全去除，小于特征沉速的颗粒也可以部分被去除，这部分颗粒的去除率决定于在沉淀起始时其在 h 高水深中的位置，或者其沉淀到取样口以下所用的时间和 t_1 相比的大小关系，如果沉降到取样口以下所需要的时间小于等于 t_1 或颗粒如果分别位于取样口以上 $u_2 \cdot t_1$、$u_3 \cdot t_1$…等，则可以被去除，反之不能被去除。

P_k 表示 t_k 时刻取样口断面处悬浮物的残留率，此时大于等于特征沉速 u_k 的颗粒已完全被去除，因此 P_k 的含义就是小于特征沉速 u_k 的颗粒在整个悬浮物中所占的比例，若将 P_k 无限细分为 $\mathrm{d}P$，那么 $\mathrm{d}P$ 表示的就是沉速小于特征沉速的某一粒径颗粒在整个悬浮物中所占的百分比，这些颗粒只有部分能够被去除，去除比例决定于该颗粒在 t_k 时刻下沉距离与水深 h 的比值，因此表示具有沉速 u 的颗粒能够被去除的部分在整个悬浮颗粒中的比例，即该颗粒在 t_k 时刻的去除率。

写成积分的形式即表示全部小于特征沉速 u_k 颗粒的去除率。

$$\int_0^{P_k} \frac{u}{u_k}\mathrm{d}p = \frac{1}{u_k}\int_p^{P_k} u\,\mathrm{d}p \tag{10-1}$$

整个 h 高水深中悬浮颗粒的去除率可用下式表示，并根据 P-u 曲线图解法计算。

$$\eta = 1 - p_k + \frac{1}{u_k}\int_0^{P_k} u\,\mathrm{d}p \tag{10-2}$$

在工程设计中往往采用下式计算：

$$\eta = 1 - p_k + \frac{\sum \Delta p \cdot u}{u_k} \tag{10-3}$$

通过以上对自由沉淀试验的分析，可以得到这样两条性质：①沉淀试验取样口上的水深高度 h 可以选用任何值，对于沉淀去除百分数并不发生影响，这是因为沉淀试验所得出的 P-u 曲线实质上是悬浮物的粒度分布曲线，这当然和做试验的水深 h 毫无关系，但在实验过程中选用一定高度的目的在于减少取样后水位下降而引起的沉淀速度计算误差；②当沉淀管取样口上水深高度 h 与设计沉淀池的水深一样时，t_k 即等于平流沉淀池的停留时间，u_k 为从水面能够100％地去除的最小颗粒的沉降速度，也叫截留沉速，在数值上等于设计沉淀池的表面负荷。

10.2.3 实验设备及仪器

自由沉淀实验装置(见图 10－3)；定量滤纸；恒温烘箱；漏斗；1/10000 电子天平；滤膜；抽滤套装；100mL 量筒；称量瓶；白瓷托盘；干燥器；无齿不锈钢镊子；洗瓶；秒表；三角瓶；梯子。

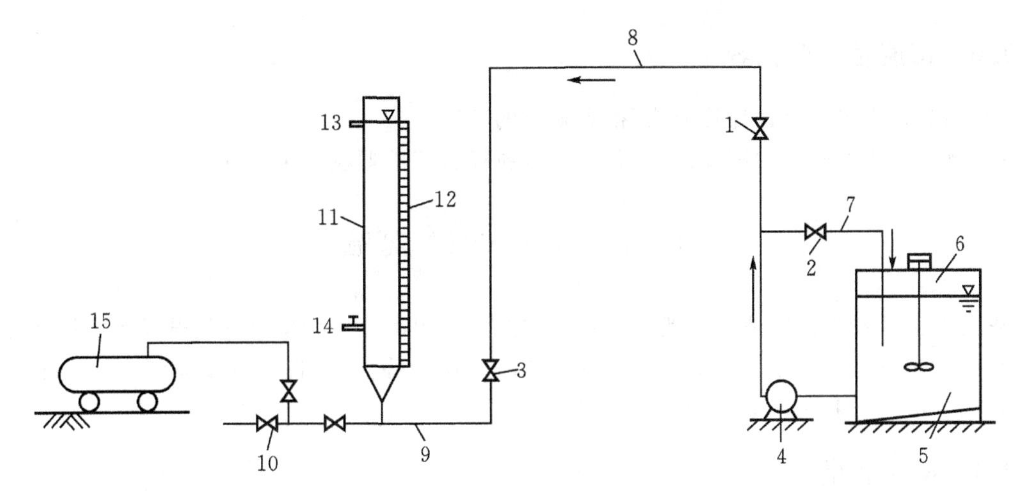

图 10-3 自由沉淀实验装置

1、3—配水管上阀门；2—水泵循环管上阀门；4—水泵；5—水池；6—搅拌机；7—循环管；8—配水管；9—进水管；10—放空管阀门；11—沉淀柱；12—标尺；13—溢流管；14—取样管；15—空压机

10.2.4 实验操作及步骤

(1)熟练掌握悬浮物浓度分析测试过程。根据实验要求从所在工作台中取用需要的仪器设备，将玻璃器皿刷干净。使用仪器设备作好记录。

(2)将水样搅拌均匀后，打开沉淀柱底部阀门，启动水泵，将水样注入到沉淀柱中，达到溢流口后关闭阀门，从取样口取出 100mL 水样测定悬浮物浓度(悬浮物浓度测定方法相关标准)，将此悬浮物浓度计为 C_0。

(3)开始计时，并在 3、5、10、15、20、25、30、40、50、60min 时分别从取样口取出 100mL 水样，并分别测定经相应时间沉淀后取样口断面处悬浮物的浓度 C，并在每次取样前测定取样口上水面的高度 h。

(4)认真观察悬浮物在沉淀柱中沉淀的过程与现象，并记录数据。

注意：①在上水的过程中，进水速度要适中，既要较快的完成进水，防止进水过程中一些较重的颗粒沉淀，又要防止速度过快造成水体紊动，影响静沉效果。

②取样时要先排除管内积水后取样。

③多组同时进行实验时，先达到溢流口的小组，不要关闭阀门，让水溢流，保持循环状态，待全部小组达到溢流口后，再关闭阀门进行实验，注意，如果溢流量过大，应稍微调校阀门(不要关闭)，防止水样溢出沉淀柱外。

④实验后将所有玻璃器皿清洗干净，将所有仪器设备归还原位，并作好记录，签字确认。

10.2.5 实验数据及结果整理

(1)计算各个不同时刻取样口断面处悬浮物的残留率($P=C/C_0$)及相应时刻所对应的特征沉速($u=h/t$)，以 P 为纵坐标，以 u 为横坐标绘制 P-u 曲线，根据公式图解法求出不同沉速时悬浮物的总去除率。

(2)绘制 η-t，η-u 曲线。

10.2.6 拓展性实验内容

(1)根据自由沉淀沉速计算公式,推算颗粒的粒径。

(2)测量水中絮凝体的沉降速度,并与相近粒径石英砂颗粒沉速进行对比。

10.3 絮凝沉淀实验

絮凝沉淀实验是研究浓度一般的絮状颗粒的沉淀规律。一般是通过几根沉淀柱的静沉实验获取颗粒沉淀曲线。不仅可借此进行沉淀性能对比和分析,而且也可作为污水处理工程中某些构筑物的设计和生产运行的重要依据。

10.3.1 实验目的

(1)加深对絮凝沉淀的特点、基本概念及沉淀规律的理解;

(2)掌握絮凝实验方法,并能利用实验数据绘制絮凝沉淀静沉曲线并进行分析计算。

10.3.2 实验原理

悬浮物浓度不太高,一般在50~500mg/L范围的颗粒沉淀属于絮凝沉淀,如给水工程中混凝沉淀,污水处理中初沉池内的悬浮物沉淀均属此类型。沉淀过程中由于颗粒相互碰撞凝聚、尺寸变大,其沉速不断加大,因此颗粒沉速实际上是变化的。所谓的絮凝沉淀颗粒沉速,是指颗粒沉淀平均速度。在平流沉淀池中,颗粒沉淀轨迹是一曲线,而不同于自由沉淀的直线运动。在沉淀池内颗粒去除率不仅与颗粒沉速有关,而且与沉淀有效水深有关。因此,沉淀柱不仅要考虑器壁对悬浮物沉淀的影响,还要考虑柱高对沉淀效率的影响。

絮凝沉淀过程的分析采用沉淀实验筒,如图10-4所示。

试验时,先将桶内水样充分搅拌并测定其初始浓度,然后开始试验。每隔一定时间,同时取出各取样口的水样并测定悬浮物浓度,计算出相应的去除百分数。根据测定数据,以沉淀筒取样口高度 h 为纵坐标,以沉降时间 t 为横坐标,将各个深度处的颗粒去除百分数的数据点绘在坐标纸上(图10-5(a)上坐标点符号“ + ”位置上,各有一组数据 t,η),把去除百分比相同的各点连成光滑曲线,称为“去除百分数等值线”,如图10-5所示。

为理解“去除百分数等值线”的含义,可以设想:把沉淀筒沿着横坐标,随着时间增长向右推进;也可设想沉淀筒从实际沉淀池的进口截面处,以水平流速 v 向前推进。这样,沉淀筒中

各种颗粒下沉的过程必然也和沉淀池水中各种颗粒下沉的过程一样。比照关于非凝聚性颗粒的讨论可以认为:这些“去除百分数等值线”代表着:对应所指明去除百分数时,取出水样中不复存在的颗粒最远沉降途径。深度与时间的比值为指明去除百分数时的颗粒的最小平均沉速。

凝聚性颗粒的去除百分数也可以从图10-5中算出。例如,当沉降时间为 t_0 时,其相应的沉速,亦即表面负荷。为方便起见,时间一般选在曲线与横坐标相交处。如前所述,凡沉速等于或大于 u_0 的颗粒能全部沉掉,而沉速小于 u_0 的颗粒则按照比值仅仅部分沉掉。沉降时间 t_0 时,相邻两根曲线所表示的数值之间的差别,反映出同一时间不同深度的去除百分数的差别,说明有这样一部分颗粒对于上面一条曲线来说,已认为沉降下去了,而对于下面一条曲线来

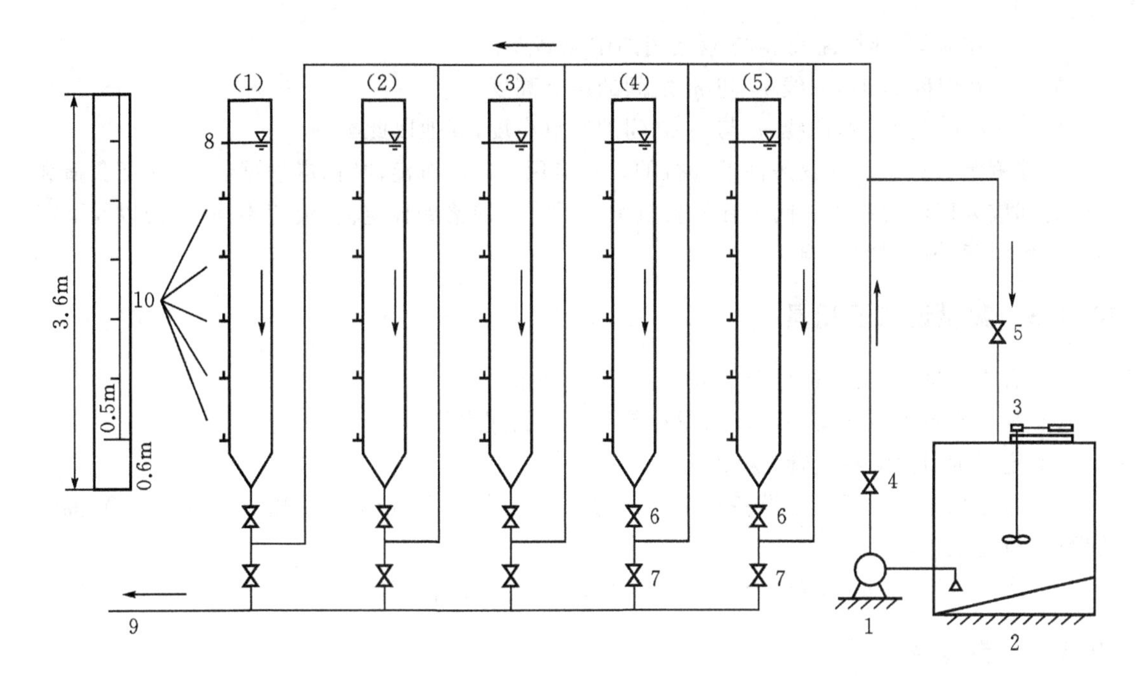

1—水泵;2—水池;3—搅拌装置;4—配水管阀门;5—水泵循环管阀门;6—各沉淀柱进水阀门;
7—各沉淀柱放空阀门;8—溢流管;9—放水管;10—取样口

图 10-4 絮凝沉淀实验装置

说,则认为尚未沉降下去。换句话说,这一部分颗粒正介于两曲线之间,其平均沉速等于其平均高度除以时间 t_0,其数量即为两曲线所表示的数值之差。这些颗粒正是小于 u_0 的颗粒。根据上述分析,对于某一表面负荷而言,由图 10-5 所示的凝聚性颗粒去除百分数等值线,可以得出总的去除百分数:

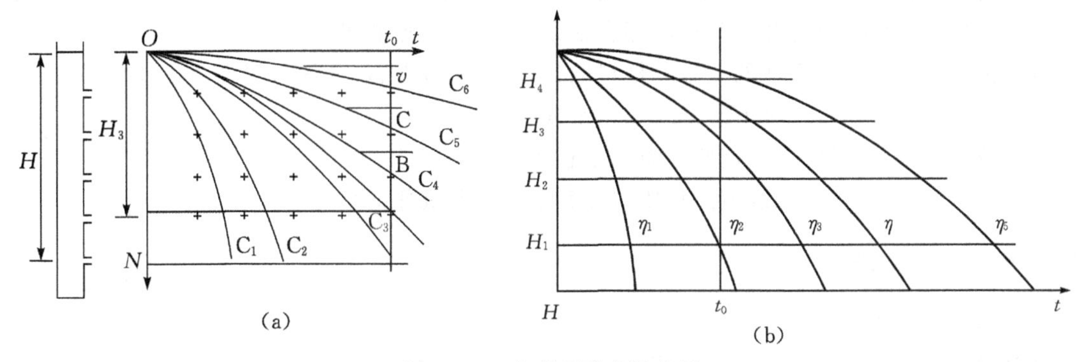

图 10-5 絮凝沉淀去除曲线

$$\eta = \eta_2 + \frac{h_1/t_0}{u_0}(\eta_3 - \eta_2) + \frac{h_2/t_0}{u_0}(\eta_4 - \eta_3) + \frac{h_3/t_0}{u_0}(\eta_5 - \eta_4) + \frac{h_4/t_0}{u_0}(\eta_6 - \eta_5) + \cdots \tag{10-4}$$

式中 η_2——沉降高度为 H_0,沉降时间为 t_0 时的去除分数,并且是沉速等于或大于 u_0 的已全部沉掉的颗粒的去除分数;

h_1——在时间 t_0时，曲线 η_2与 η_3之间的中点高度；

h_2——在时间 t_0 时，曲线 η_3 与 η_4 之间的中点高度；

h_3——在时间 t_0 时，曲线 η_4 与 η_5 之间的中点高度，其他以此类推。

上述测定方法系在静置条件下进行的。在应用于实际沉淀池时，应根据经验，表面负荷和停留时间应乘以经验系数。因为在静置沉淀中没有反映诸如异重流、流速不均、风力以及下沉污泥重新浮起等因素的影响。

10.3.3 实验设备及用具

(1)有机玻璃沉降柱，柱最上为溢流孔，下端进水。

(2)配水及投配系统：钢板水池、搅拌装置、水泵、配水管。

(3)定时钟、烧杯、移液管、瓷盘等。

(4)悬浮物定量分析所需设备及用具：万分之一分析天平、带盖称量瓶、干燥皿、烘箱、抽滤装置、定量滤纸等。

(5)水样：城市污水、制革污水、造纸污水或人工配制水样等。

10.3.4 步骤及记录

(1)将欲测水样倒入水池进行搅拌，待搅匀后取样测定原水悬浮物浓度 SS 值。

(2)开启水泵，打开水泵的上水阀门和各沉淀柱上水管阀门。

(3)放掉存水后，关闭放空管阀门，打开沉淀柱上水管阀门。

(4)依次向 1～5 号沉淀柱内进水，当水位达到溢流孔时，关闭进水阀。

(5)当达到各柱的沉淀时间时，在每根柱上，自上而下地依次取样，测定水样悬浮物的浓度。

(6)记录见表 10-4。

注意事项：

(1)向沉淀柱进水时，速度要适中，既要防止悬浮物由于进水速度过慢而絮凝沉淀，又要防止由于进水速度过快，沉淀开始后柱内还存在紊流，影响沉淀效果。

(2)由于同时要由每个柱的 5 个取样口取样，故人员分工、烧杯编号等准备工作要做好，以便能在较短的时间内，从上至下准确地取出水样。

(3)测定悬浮物浓度时，一定要注意两平行水样的均匀性。

(4)注意观察、描述颗粒沉淀过程中自然絮凝作用及沉速的变化。

10.3.5 成果整理

(1)实验基本参数。

实验日期： 水样性质及来源：

沉淀柱内径 D= 柱高 H=

水温： ℃ 原水悬浮物浓度 SS_0(mg/L)：

绘制沉淀柱及管路连接图。

(2)实验数据整理。

表 10－4 絮凝沉淀实验记录表

实验日期： 水样：

柱号	沉淀时间(min)	取样点编号	SS(mg/L)	取样点水深	备注
1	20	1—1			
		1—2			
		1—3			
		1—4			
		1—5			
2	40	2—1			
		2—2			
		2—3			
		2—4			
		2—5			
3	60	3—1			
		3—2			
		3—3			
		3—4			
		3—5			
4	80	4—1			
		4—2			
		4—3			
		4—4			
		4—5			
5	120	5—1			
		5—2			
		5—3			
		5—4			
		5—5			

注：原水浓度 SS(mg/L)。

将表 10－5 实验数据进行整理，并计算各取样点的去除率 η，列入表 10－5 中。

表 10－5 各取样点悬浮物去除率 η 值计算表

沉淀柱号	1	2	3	4	5
沉淀时间(min)	20	40	60	80	120
0.6m 取样口					
1.2m 取样口					
1.8m 取样口					
2.4m 取样口					
3.0m 取样口					

(3)以沉淀时间 t 为横坐标,以深度为纵坐标,将各取样点的去除率填在各取样点的坐标上,如图 10-6 所示。

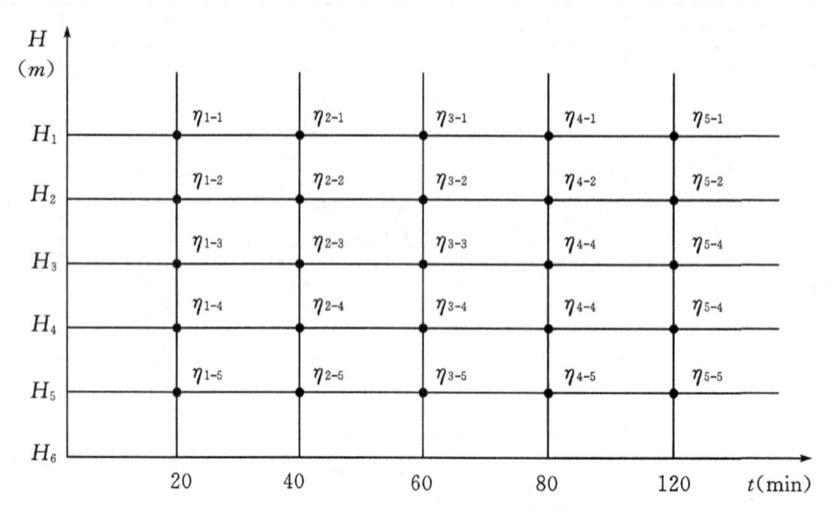

图 10-6　絮凝沉淀柱各取样点去除率

(4)在上述基础上,用内插法绘出等去除率曲线。η 最好是以 5% 或 10% 为一间距,如 25%、35%、45% 或 20%、25%、30%。

(5)选择某一有效水深 H,过 H 做 x 轴平行线,与各去除率线相交,再根据公式(10-4)计算不同沉淀时间的总去除率。

(6)以沉淀时间 t 为横坐标,η 为纵坐标,绘制不同有效水深 H 的 η-t 关系曲线及 η-u 曲线。

10.3.6　问题讨论

(1)观察絮凝沉淀现象,并叙述与自由沉淀现象有何不同?实验方法有何区别?

(2)实际工程中,哪些沉淀属于絮凝沉淀?

10.3.7　拓展性实验内容

(1)从沉淀柱最下端排水口取样,采用 SS 测定和比重瓶两种方法测定沉淀污泥的浓度,了解实际生产中沉淀池排泥的浓度范围。

(2)在沉淀污泥中投加 PAM,采用抽滤实验观察污泥脱水性能的变化。

10.4　过滤及反冲洗

10.4.1　实验目的

(1)掌握过滤过程中滤料层不同深度水头损失与出水浊度随时间变化规律;

(2)加深理解反冲洗现象,观察反冲洗时水力筛分现象,了解滤料膨胀与反冲洗强度关系。

10.4.2　实验原理

(1)过滤:待滤水从滤柱上部流入,依次流经滤料层、承托层、配水区及集水区,从滤柱的底部流出。当滤速大、滤料颗粒粗、滤料层较薄时，滤过水水质将很快变差，过滤水质的周期变短；当滤速大，滤料颗粒细，滤池中的水头损失增加很快，很快达到过滤压力周期。所以在处理一定性质的水时，要用实验方法正确确定滤速、滤料颗粒的大小、滤料及厚度之间的关系。

(2)反冲洗：为了保证滤后水质和过滤滤速，当滤层水头损失增加达到规定值时应停止过滤，需要对滤层进行反冲洗，使其恢复工作能力。

料层的膨胀高度与反冲洗所需的时间、反冲洗强度及用水量都有密切的关系。根据滤料层前后的厚度可求出膨胀率。膨胀率 e 值的大小直接影响了反冲洗效果，长期实践表明，当膨胀率 e 为 45%时，反冲洗效果为最佳。

10.4.3 实验装置设备及仪器

(1)过滤实验装置示意图如图 10－7 所示，包括过滤柱、反冲洗进水、过滤进水流量计、测压板、测压管及连接阀门、管道、不锈钢支架，配套装置有配水箱、水泵等。

(2)浊度仪；温度计；秒表；钢卷尺等。

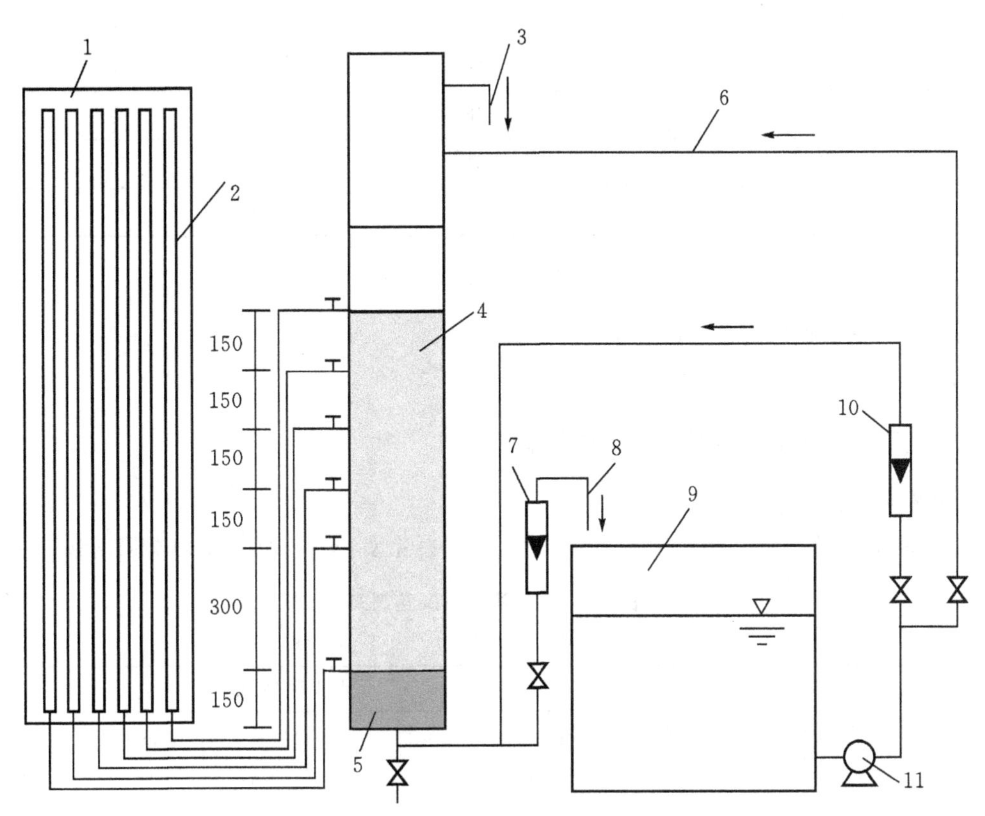

1—测压板；2—测压管；3—反冲洗出水；4—滤料层；5—承托层；6—过滤柱进水；7—出水流量计；8—出水管；9—配水箱；10—反冲洗流量计；11—水泵

图 10－7 过滤实验装置示意图

10.4.4 实验步骤

(1)原水配制：配水箱中用含黄土颗粒的污水做实验用水。

(2)熟悉实验装置、构造及操作见表 10－6。

(3)测定和绘制过滤层水头损失与过滤时间的关系曲线，开启水泵开始过滤运行，利用转子流量计控制各为 50 L/h(8 m/h)、63 L/h(10 m/h)、76 L/h(12 m/h)的三组流量，运行 60 分钟，每隔 10 分钟分别测定进出水浊度。记录各测压管中的水位高，即可得到各测压点水头损失值，即 $H = H_0 + \Delta H$。

(4)测定不同膨胀率时的反冲洗强度。

反冲洗水箱一般用滤后水，首先缓慢开启反冲洗阀门，水由下向上经过承托层和滤层，在水位刻度上读出滤料层膨胀前静态时的厚度 L_0，使滤层刚刚膨胀起来，调节反冲洗水流量每组分别为 400 L/h、600 L/h 和 800 L/h，记录滤层膨胀后的厚度 L(滤层应达动态平衡，稳定约 10s)，计算出膨胀率 e 值。计算公式如下：

表 10－6　过滤和反冲洗过程阀门开启状态

阀门 / 过程	反冲洗	过滤
进水	关	开
出水	关	开
反冲洗水	开	关
水头测定管	关	开
滤层穿透管	关	开

$$e = \frac{L - L_0}{L_0} \times 100\% \tag{10-5}$$

式中 L——砂层膨胀后的厚度(cm)；

L_0——砂层膨胀前的厚度(cm)。

10.4.5　实验数据记录整理与问题讨论

1. 实验数据记录整理

(1)实验数据填入表 10－7 和表 10－8 中，计算去除率、水头损失、反冲洗强度和膨胀率。

表 10－7　过滤记录及整理表

原水浊度(NTU)=____；水温(℃)____；进水流量(L/h)=____；滤速(m/h)=____。

时间(min)	出水浊度 C(NTU)	去除率(%)	水头损失 Δh				
			$\Delta h_1 = h_0 - h_1$	$\Delta h_2 = h_1 - h_2$	$\Delta h_3 = h_2 - h_3$	$\Delta h_4 = h_3 - h_4$	$\Delta h_5 = h_4 - h_5$
10							
20							
30							
40							
50							
60							

表 10-8 反冲洗记录及整理表

滤柱内径 ϕ=8.95cm； 滤料层静态厚度 L_0(cm)=____ 。

反冲洗时间 (min)	滤层面积 (m^2)	反冲洗水 Q (L/h)	反冲洗强度 q_w ($L/m^2 \cdot s$)	滤料膨胀高度 L (cm)	膨胀率 e (%)
2		400			
2		600			
2		800			

(2)绘制过滤层水头损失与过滤时间关系曲线;绘制冲洗强度与滤料层膨胀关系曲线;绘制水质(浊度)随时间变化的关系曲线。

2. 问题讨论

(1)静态测压管为什么水位相同?动态时测压管水位有无差异,为什么?

(2)滤池过滤周期、出水水质、滤料层水头损失与哪些因素有关?

10.4.6 拓展性实验内容

三组滤柱采用相同的滤速,但在第二、第三滤柱进水口处通过计量泵投加 2.0mg/L、4.0mg/L 的聚合氯化铝,比较混凝过程对过滤特征的影响。

10.5 树脂总交换容量和工作交换容量的测定

10.5.1 实验目的

(1)掌握离子交换树脂交换容量的测定原理和方法;

(2)加深对离子交换树脂的重要性能——总交换容量和工作交换容量的认识;

(3)熟悉静态法测定总交换容量和动态法测定工作交换容量的操作方法。

10.5.2 实验原理及方法概述

1. 实验原理

离子交换树脂的交换容量是指每克干燥树脂或每毫升溶胀后的树脂所能交换的相当于一价离子物质的量(mmol),用 mmol/g(干树脂)或 mmol/mL(湿树脂)表示。交换容量取决于网状骨架内所含有可被交换基团数目,其中包括总交换容量和工作交换容量。

(1)总交换容量是树脂所有可交换离子全部发生交换的交换容量,也称极限交换容量。

(2)工作交换容量受树脂结构和厚度影响,还受溶液组成、流速、温度、交换终点控制以及再生剂和再生条件等因素的影响,是离子交换树脂实际交换能力的量度。工作交换容量是当出水中开始出现需要脱除的离子时,或者说达到穿透点时,交换树脂所达到的实际交换容量。

2. 方法概述

(1)总交换容量的测定采用静态法。

用酸碱滴定法测定强酸性阳离子交换树脂的总交换容量。交换容量是离子交换树脂的特征常数,1g 氢型磺酸型阳离子交换树脂的交换容量为 5.20mmol/g(干树脂),若转化为钠型,因 1g 氢型树脂将增重至 1.114g，故按钠型计算其交换容量将为 4.67mmol/g(干树脂)。当一定量的氢型阳离子交换树脂 RH 与一定量过量的 NaOH 标准溶液混合，静态放置一定时间，达到平衡时，即 $RH+NaOH=RNa+H_2O$，用盐酸标液滴定过量的 NaOH，即可求出树脂的总交换容量。

(2)工作交换容量的测定采用动态法。

H 型阳离子树脂装入交换柱中，Na_2SO_4溶液以一定的流量通过交换柱。Na^+ 与 RH 发生交换反应，交换下来的 H^+ 用 NaOH 标准溶液滴定，交换反应为：$RH+Na^+=RNa+H^+$；滴定反应为：$H^++OH^-=H_2O$。

10.5.3 实验设备及试剂

1. 设备

动态法测定树脂交换容量实验装置见图 10－8；25mL 碱式滴定管；25mL 酸式滴定管；100mL、250mL 锥形瓶；50mL、25mL、10mL 移液管；50mL、250mL 量筒等。

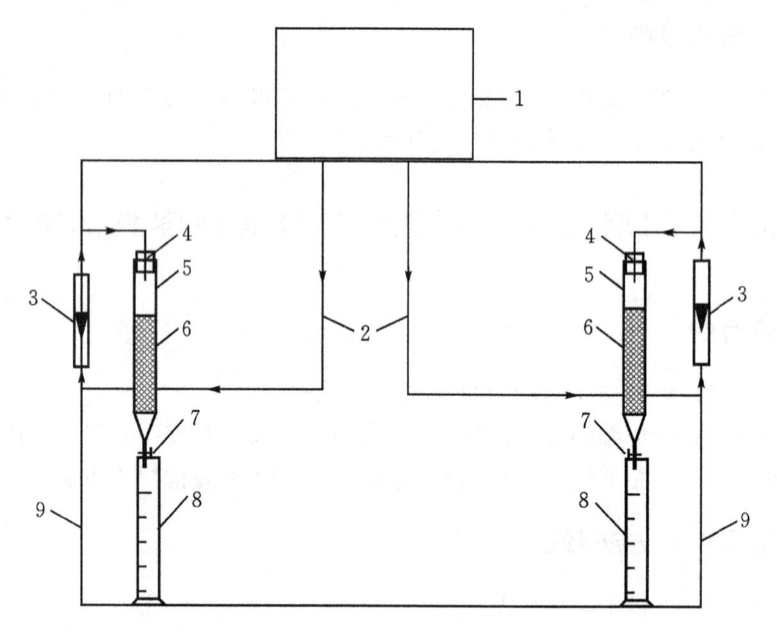

1—配置实验原液的水箱；2—分支管；3—流量计；4—橡皮塞；
5—交换住；6—树脂；7—交换柱下端阀门；8—量筒；9—不锈钢支架

图 10－8 动态法树脂交换实验装置图

2. 试剂

HCI 溶液：2mol/L(再生液)，0.10mol/L(标准溶液)；NaOH 标准溶液：0.10mol/L；Na_2SO_4交换溶液：0.5mol/L；酚酞(1%乙醇溶液)指示剂。

10.5.4 实验步骤

1. 静态法测定阳离子交换树脂的总交换容量

(1)树脂的预处理。

市售的阳离子交换树脂，一般为 Na 型，需用稀盐酸处理，使其转变为 H 型，同时除去杂质

(如Fe^{3+}):$RNa+HCl=RH+NaCl$。称取20g阳离子交换树脂于烧杯中,加入150mL浓度为2mol/L HCl,搅拌,浸泡一天。倾出上层HCl溶液(带黄色),换新鲜2mol/L HCl 100mL再泡12小时,倾出上层HCl溶液。用蒸馏水漂洗树脂至中性,抽滤,去除表面水分的H型树脂置于具塞广口瓶中备用。

①树脂含水率的计算:

一般树脂含水率在40%~60%。去除表面水分的H型树脂$W_{湿重}$约3g,装于培养皿中(取2份)于105℃下干燥(首次烘4小时,再次烘4小时)至恒重$W_{干重}$,计算如下:

$$\omega=\frac{(W_{湿重}-W_{干重})}{W_{湿重}}\times 100\% \tag{10-6}$$

②树脂湿视密度的计算:

一般树脂湿视密度在0.6~0.85g/mL。去除表面水分的H型树脂$W_{湿重}$约3g放入5mL量筒中,加蒸馏水使其超出树脂层,摇动使树脂全部浸入水中,去除气泡后轻敲量筒壁使树脂体积稳定不变,记下体积V,计算如下:

$$\rho=\frac{W_{湿重}}{V} \tag{10-7}$$

(2)总交换容量的测定。

准确称取已除去游离水分的氢型阳离子交换树脂约1.5g,放入100mL干燥带塞的锥瓶中,准确加入50mL0.10mol/L的NaOH标准溶液,摇动5min,将锥瓶盖紧后放置2小时,吸取上层清液10.00mL于三角锥瓶中,加入1滴酚酞,用0.10mol/L的HCl标准溶液滴定至红色刚好褪去,即为终点。记下消耗的标准HCl溶液体积,平行滴定三份,使用过的树脂回收在烧杯中,统一进行再生处理。按下式计算树脂的总交换容量$Q_{总}$:

$$Q_{总}=\frac{[(C\cdot V)_{NaOH}-(C\cdot V)_{HCl}]\times\frac{50.00}{10.00}}{W_{1(干重)}} \tag{10-8}$$

式中 $(C\cdot V)_{NaOH}$——NaOH标液浓度和体积;

$(C\cdot V)_{HCl}$——HCl标液浓度和体积。

2.动态法测定阳离子交换树脂的工作交换容量

(1)树脂的预处理:市售阳离子交换树脂一般为Na型,使用前须将其用酸处理成H型。

(2)装柱:用长玻棒。用50mL量筒加入约20mL纯水后,量取约20mL已处理成H型的树脂,用玻棒连水一起转移到交换柱中,要防止混入气泡。在装柱和以后的使用过程中,必须使树脂层始终浸泡在液面以下。

(3)交换:向交换柱不断加入0.5mol/LNa_2SO_4溶液,用250mL容量瓶收集流出液,调节流量为2~3mL/min,流过100 mL Na_2SO_4溶液后,经常检查流出液的pH,直至留出液的pH与加入的Na_2SO_4溶液pH相同时,停止交换(共约需120 mL Na_2SO_4溶液)。反应式如下:

$$RH + Na_2SO_4 \rightarrow RNa + H_2SO_4$$

$$H_2SO_4 + NaOH \rightarrow Na_2SO_4 + 2H_2O$$

(4)测定:用纯水稀释量筒中收集液至250mL,轻轻挤压洗耳球通过移液管吹气,将溶液混匀。用25mL胖肚移液管准确移取流出液于250mL锥形瓶中,加入2滴酚酞,用0.10mol/L NaOH标准溶液滴至微红色半分钟不褪即为终点,平行测定三份。计算树脂的工作交换容量:

$$Q_{工作} = \frac{(C \cdot V)_{NaOH}}{W_{2(干重)} \times \frac{25.00}{250}}(mmol/g) \quad (10-9)$$

(5)树脂的回收：实验完毕，将交换柱的树脂用自来水冲到回收塑料烧杯中，以便再生。

10.5.5 实验数据记录整理与问题讨论

1. 实验数据记录整理

(1)全交换容量实验数据记录见表10－9；

(2)工作交换容量实验数据记录见表10－10。

2. 问题讨论

(1)什么是离子交换树脂的交换容量？两种交换容量的测定原理是什么？

(2)如何处理树脂？装柱时应注意什么问题？

(3)为什么树脂层中不能存留有气泡？若有气泡如何处理？

表10－9 全交换容量

湿树脂重量(g)：______ ；树脂含水率(%)：________ 。

名称 / 平行样	1	2	3
干树脂重量 $W_{1干重}$(g)			
移取流出液的体积(mL)	10.00		
HCL 溶液滴定消耗量 V(mL)			
$Q_{总}$(mmol·g^{-1})			
$Q_{总}$(mmol·g^{-1})			

表10－10 工作交换容量

树脂体积(mL)：__________ ；树脂湿视密度(g/mL)：________ 。

名称 / 平行样	1	2	3
干树脂重量 $W_{2干重}$(g)			
移取流出液的体积 (mL)	25.00		
NaOH 溶液用量 V(mL)			
$Q_{工作}$(mmol·g^{-1})			
$Q_{工作}$(mmol·g^{-1})			

10.5.6 拓展性实验内容

(1)指导学生进行树脂再生的实验；

(2)减小树脂层的厚度，并在树脂交换床出口位置加装在线电导率测定仪，测定树脂床的穿透曲线。

第 11 章 水质工程学 II 实验

11.1 鼓风曝气系统中的充氧实验

11.1.1 实验目的

(1)验证氧由气相转入液相的规律,探讨充氧效率的影响因素;

(2)了解不同类型的曝气装置,掌握曝气装置在供氧系统中的应用。

11.1.2 实验原理

在活性污泥法系统中,常采用曝气的方式将空气中的氧强制溶解到混合液中。氧转移的机理常用双膜理论来解释,当气、液两相作相对运动时,其接触界面两侧分别存在着气膜和液膜,氧的转移就是在气膜、液膜中进行分子扩散和在膜外进行对流扩散的过程。当液体中的氧未达到饱和浓度时,氧分子会从气相转移至液相。通常情况下,对于微溶的气体,阻力主要来自液膜;对于易溶的气体,阻力主要来自气膜;对于中等程度溶解的气体,气膜及液膜都有相当的阻力。由于氧在水中的溶解度较低,通过正常的气水交界面难于获得足够的氧气时,必须人为地增加气水的交界面。

氧的转移速率可表示为:

$$\frac{\mathrm{d}c}{\mathrm{d}t} = K_{La}(C_s - C) \tag{11-1}$$

将上式积分得:

$$\ln(C_s - C) = \ln C_s - K_{La} \cdot t \tag{11-2}$$

由氧转移过程中任意两时间(t_1、t_2)的溶解氧浓度(C_1、C_2),可求得氧的总转移系数 K_{La} 值:

$$K_{La} = 2.3\frac{1}{t_2 - t_1}\log\frac{(C_s - C_2)}{(C_s - C_1)} \tag{11-3}$$

式中 K_{La} —— 氧的总转移系数(min^{-1});

C_s —— 水中氧的饱和浓度(mg/L);

C ——水中氧的实际浓度(mg/L);

t_1、t_2 —— 氧转移过程中任意两个时间(min);

C_1、C_2 ——时间 t_1、t_2 时相应的溶解氧浓度(mg/L)。

11.1.3 实验仪器设备及工艺流程

(1)氧转移系数测定装置(见图 11-1);

(2)溶氧仪；

(3)化学法测定溶解氧所需化学试剂及常用玻璃仪器。

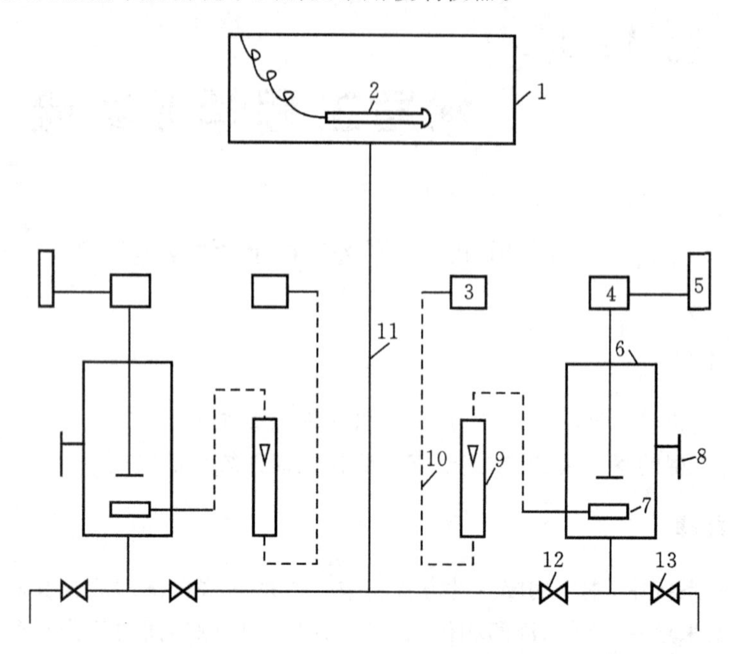

1—高位水槽；2—自控调温加热器；3—气泵；4—电动机；5—调速控制器；6—混合反应器；7—微孔曝气头；8—取样口；9—气体流量计；10—空气管；11—进水管；12—进水阀门；13—排水阀门

图 11-1　氧转移系数测定装置

11.1.4　实验内容与步骤

1. 实验原水制备

本实验所用水样为脱氧清水，其配制方法如下：向 10L 自来水中加入 10ml 10% Na_2SO_3，再加入 1mL 1%CoCl，轻轻搅拌后脱除自来水中原有的溶解氧，得到脱氧清水。将脱氧清水水样缓慢加入实验装置的高位水槽中。实验开始前先测定原水的水温并查该温度下的 C_s 值。

2. 非稳态条件下曝气时间对氧转移系数的影响

(1)开启进水阀门 12，向混合反应器 6 中注入脱氧清水 1.0L。

(2)将调速控制器旋扭调至 5 档进行定速搅拌；开启气泵并调气体流量计阀门，保持通入气体流量为 1.0L/min。

(3)分别于 0、0.5、1、3、5、10、15min 时刻自混合反应器中采集水样 100mL。

(4)测量并记录水温；测定所取水样随时间而变化的溶解氧浓度(DO)。

注意：每次取样后需将混合反应器中水排空，重新注入脱氧清水开始实验。

3. 非稳态条件下搅拌强度对氧转移系数的影响

(1)向混合反应器中注入脱氧清水 1.0L，开启气泵并调气体流量计阀门，保持通入气体流量为 0.5L/min。

(2)在转速控制器旋扭为 3、6、9 档的条件下分别运行实验系统。

(3)在不同搅拌条件下,每隔 2min 自混合反应器中采集水样 100mL,测定所取水样中的溶解氧浓度(DO)。

注意:每次取样后需将混合反应器中水排空,重新注入脱氧清水开始实验。

4. 非稳态条件下供气流量对氧转移系数的影响

(1)向混合反应器中注入脱氧清水 1.0L,将调速控制器旋扭调至 5 档进行定速搅拌。

(2)调气体流量计,在通入空气流量为 0.3L/min、1.0L/min、1.5L/min 条件下分别运行实验系统。

(3)在不同供气量条件下,每隔 2min 自混合反应器中采集水样 100mL,测定所取水样中的溶解氧浓度(DO)。

5. 水样温度对氧转移系数的影响

(1)将高位水槽内水样分别加热至 20℃、25℃、30℃运行实验系统。

(2)在原水温度为 20℃时向混合反应器中注入脱氧清水 1.0L,将转数控制器旋扭调至 5 档;调整气体流量计保持通入气体流量为 1.0L/min,每隔 2min 自混合反应器中采集水样 100mL,测定所取水样中的溶解氧浓度(DO)。

(3)在原水温度分别为 25℃、30℃条件下,重复步骤(2)。

6. 原水水质对氧转移系数的影响

(1)向混合反应器中注入某生产废水,要保证废水的容积、搅拌速度、空气流量和水温与 11.1.4 中"1. 实验原水制备"的具体步骤相同。

(2)用溶氧仪测定随时间而变化的溶解氧浓度(DO)。

(3)曝气直至废水溶解氧浓度不再增高,以此值作为废水的饱和溶解氧浓度。

11.1.5 实验数据记录整理与问题讨论

1. 实验数据记录整理

(1)将实验数据填入表 11-1 中,溶解氧饱和度计算见附录 E。

表 11-1　实验数据

水样温度=________℃；　C_s=____________ mg/L。

实验数据 实验项目		C_t (mg/L)	C_s-C_t (mg/L)	溶解氧 饱和度(%)	$\ln(C_s-C_t)$	备注
非稳态条件下随时间变化对氧转移系数的影响	取样时间 0min					转速______档 气流量
	取样时间 0.5min					
	取样时间 1min					
	取样时间 3min					
	取样时间 5min					
	取样时间 10min					
	取样时间 15min					
非稳态条件下搅拌强度对氧转移系数的影响	转速 3 档					气流量 取样时间
	转速 6 档					
	转速 9 档					
非稳态条件下气体流量对氧转移系数的影响	气流量 0.3L/min					转速______档 取样时间
	气流量 1.0L/min					
	气流量 1.5L/min					

(2)根据公式 $\ln(C_s-C)=\ln C_s-K_{La}\cdot t$,以充氧时间 t 为横坐标,$\ln(C_s-C)$ 为纵坐标作图。

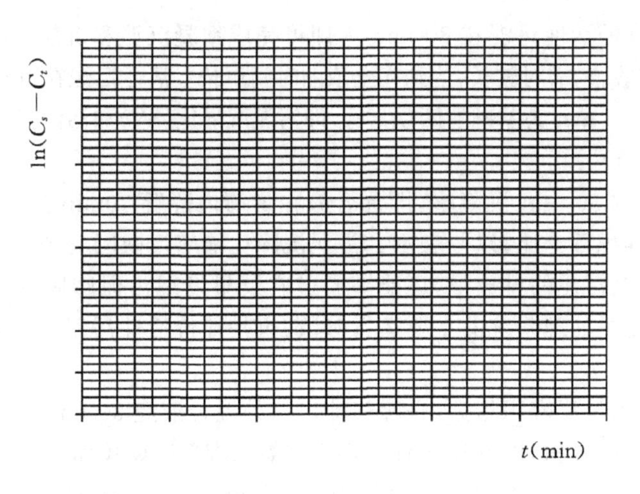

图 11-2 充氧曲线图

该直线截距为 $\ln C_s$，$\ln C_s=$ ________；直线斜率为 K_{La}，$K_{La}=$ ____________。

2. 问题讨论

(1) 氧总转移系数 K_{La} 的物理意义是什么？

(2) 废水的 α 和 β 值的物理意义是什么？

(3) 试论述 K_{La} 与各变量(搅拌强度、曝气量、温度等)之间的关系。

11.1.6 拓展性实验内容

1. 目的

通过拓展性实验，加深供气压力、气泡尺寸等因素对充氧效果的影响。

2. 内容

供气压力对充氧效果的影响：调整气泵的压力，测定不同曝气压力下 K_{La} 的变化，分析讨论压力变化对氧转移效果和效率的作用。

气泡尺寸对充氧效果的影响：更换不同孔径的微孔曝气头，保持其他运行条件不变测定的变化，并进行相应的分析。

11.2 污泥沉降比和污泥指数的测定实验

11.2.1 实验目的

(1)掌握活性污泥沉淀性能指标的污泥沉降比和污泥指数的概念及测定方法；

(2)了解污泥沉降比、污泥指数和污泥浓度三者之间的关系以及它们对活性污泥法处理系统的设计和运行控制的指导意义。

11.2.2 实验原理

活性污泥的沉降性能影响活性污泥法处理系统的正常运行和处理效能，发育良好并有一定浓度的活性污泥，其沉降要经历絮凝沉淀、成层沉淀和压缩沉淀等过程，最终形成浓度很高的浓缩污泥层。正常的活性污泥在 30 min 内即可完成絮凝沉淀和沉层沉淀，并进入压缩沉淀阶段，压缩进程比较缓慢，需时较长，达到完全浓缩时间更长。活性污泥在沉淀一浓缩方面的特性通常用活性污泥静置 30 min 为基础的两项指标，即污泥沉降比(SV)和污泥指数(SVI)来表示。

1. **污泥沉降比**（SV）

污泥沉降比，又称 30 min 沉降率，即混合液在量筒内静置 30min 后所形成的沉淀污泥的容积占原混合液的容积百分比，以%表示。污泥沉降比能够反映曝气池正常运行时的污泥量，可用于控制、调节剩余污泥的排放量，还能够通过它及早发现污泥膨胀等异常现象。因此，污泥沉降比是活性污泥法处理系统的重要运行参数，也是评价活性污泥数量和质量的重要指标。

2. **污泥指数**（SVI）

污泥指数，全称为污泥容积指数，是曝气池出口处混合液经 30 min 静沉后，每克干污泥所形成的沉淀污泥所占的容积，以 mL/g 计。污泥指数(SVI)计算式如下：

$$\mathrm{SVI}=\frac{\text{混合液(1L)30min 静沉形成的活性污泥容积(ml)}}{\text{混合液(1L)中悬浮固体干重(g)}}=\frac{\mathrm{SV}}{\mathrm{MLSS}} \tag{11-4}$$

污泥指数(SVI)反映活性污泥的凝聚、沉降性能，正常活性污泥 SVI 介于 50～150mL/g。SVI 过低，说明泥粒细小，无机含量高，缺乏活性；SVI 过高，说明沉降性能不好，有产生膨胀的可能。

11.2.3 仪器设备和材料

(1)活性污泥；

(2)曝气系统(气泵、软管、曝气头)；

(3)塑料桶(用作曝气池)；

(4)污泥比阻成套装置；

(5)100 mL 量筒；

(6)滤纸；

(7)天平(1/10000)；

(8)称量瓶；

(9)烘箱；

(10)干燥器。

11.2.4 实验步骤及记录

(1)定量滤纸放入称量瓶中，进行编号，103℃～105℃烘干，反复烘干、冷却，称重至重量差≤0.4 mg 为止，置于干燥器中待用。

(2)将干净的 100 mL 量筒用蒸馏水冲洗后，甩干。

(3)从塑料桶取污泥与污水混合均匀的混合液 100 mL 置于 100 mL 量筒中，如图 11－3 所示，并从此时开始计算沉淀时间。

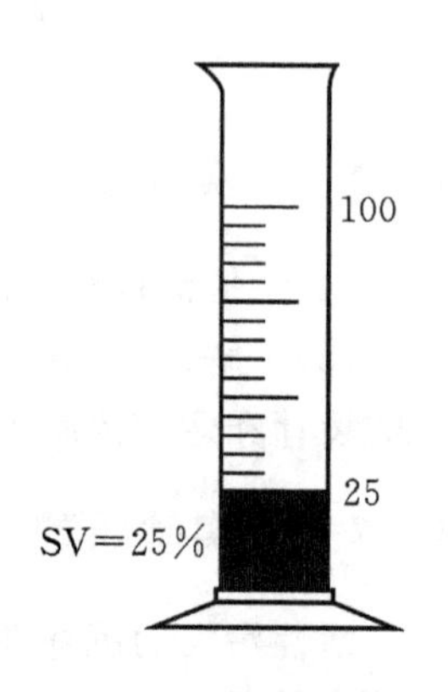

图 11－3　实验装置

(4)将装有 100 mL 的污泥的量筒放在静止处，观察活性污泥凝絮和沉淀的过程与特点，并且在第 1、3、5、10、15、20、30 min 记录污泥界面以下的污泥容积，记录于表 11－2。

(5)第 30 min 的污泥容积(mL)即为污泥沉降比(SV)。

(6)将已恒重并称量好重量的称量瓶(W_0)中的滤纸放置在布氏

漏斗中，用水喷湿，开动真空泵，使量筒中成为负压，滤纸紧贴漏斗。

(7)将 30 min 沉淀的污泥和上清液一同倒入布氏漏斗中抽吸过滤，再用少量水分洗涤量筒中附着污泥至漏斗。停止吸滤后，仔细取出带泥定量滤纸折叠并放入原称量瓶里，称重(W_1)。

(8)将称量瓶放在恒温烘箱中，103℃～105℃烘干 2 h 后移入干燥器，冷却至室温，称其质量(W_2)，反复烘干、冷却，称重至重量差≤0.4mg 为止。

(9)按下式计算污泥浓度(MLSS)：

$$MLSS = \frac{W_2 - W_0}{V} \tag{11-5}$$

式中 MLSS——混合液悬浮固体浓度(g/mL)；

W_2——滤饼干重、滤纸、称量瓶质量之和(g)；

W_1——滤饼湿重、滤纸、称量瓶质量之和(g)；

W_0——滤纸、称量瓶质量之和(g)；

V——混合液(100 mL)。

11.2.5 实验数据记录整理与问题讨论

1. 实验数据记录整理

(1)各时刻污泥容积的测定值记录，见表 11-2。

表 11-2 各时刻污泥容积

时间(min)	0	1	3	5	10	15	20	30
污泥容积(mL)								

(2)根据测定污泥沉降比(SV(%))和污泥浓度(MISS)，计算污泥指数(SVI)，见表 11-3。

表 11-3 SV%、MISS 和 SVI

SV(%)	MISS(g/L)	SVI(mL/g)

(3)准确绘出 100mL 量筒中污泥界面下的容积随沉淀时间的变化曲线。

2. 问题讨论

(1)通过所得到的污泥沉降比和污泥指数，评价该活性污泥法处理系统中活性污泥的沉降性能，并判断是否有污泥膨胀的倾向或已经发生膨胀？

(2)污泥沉降比和污泥指数有什么区别和联系？

11.3 污泥比阻测定实验

11.3.1 实验目的

(1)加深理解污泥比阻的概念，评价污泥脱水性能。

(2)选择污泥脱水的药剂性能、浓度、投药量。

11.3.2 实验原理

污泥按来源分为初沉污泥、剩余污泥、腐殖污泥、消化污泥和化学污泥；按性质分为有机污泥和无机污泥。污泥经重力浓缩或消化后，含水率大约在97%，体积大不便于运输。因此一般多采用机械脱水，以减小污泥体积。常用的脱水方法有真空过滤、压滤、离心等方法。

污泥机械脱水是以过滤介质两面的压力差作为动力，达到泥水分离、污泥浓缩的目的。根据压力差来源的不同，分为真空过滤法(抽真空造成介质两面压力差)、压缩法(介质一面对污泥加压，造成两面压力差)。

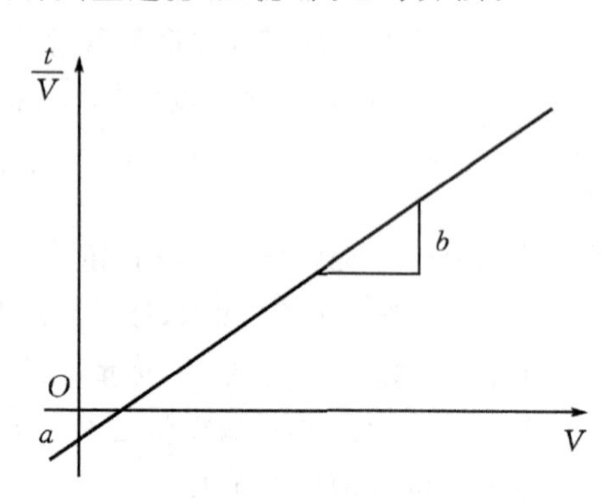

图 11-4 t/V 与 V 关系图

影响污泥脱水的因素很多，主要有污泥浓度、污泥性质及含水率、污泥预处理方法、脱水时压力差大小、过滤介质种类、性质等。过滤基本方程式为：

$$\frac{t}{V}=\frac{u\omega r}{2PA^2}\cdot V+\frac{\mu R_f}{PA} \tag{11-6}$$

式中 t—— 过滤时间(s)；

V—— 滤液体积(cm^3)；

P——过滤压力(真空度)(MPa)；

A—— 过滤面积(cm^2)；

w——滤过单位体积的滤液在过滤介质上截留的固体重量(g/cm^3)；

μ——滤液的动力粘滞度，温度15 ℃时，可近似取值1.14×10^{-2} g/(cm·s)；温度20 ℃时，可近似取值1.01×10^{-2} g/(cm·s)。

r——污泥比阻(s^2/g 或 m/kg)；

R_f——过滤介质阻抗(1/m)。

在一定压力下过滤时，t/V 与 V 成直线关系，直线的斜率和截距分别为：

$$b=\frac{u\omega r}{2PA^2}\quad a=\frac{\mu R_f}{PA} \tag{11-7}$$

污泥比阻 r 值是表示污泥过滤特性的综合指标。其物理意义是：在一定压力下过滤时，单位重量的污泥在单位过滤面积上的阻力，即单位过滤面积上滤饼单位干重所具有的阻力。其大小根据式(11-7)有：

$$r=\frac{2PA^2}{\mu}\cdot\frac{b}{\omega} \tag{11-8}$$

式中 r——比阻(s^2/g)。

比阻是反映污泥脱水性能的重要指标。但由于上式是由实验推导出来，参数 b、ω 均要通过实验测定，不能用公式直接计算。而 b 为过滤的基本方程式11-6中 t/V-V 直线斜率(见图11-4)。故以定压下抽滤实验为基础，测定一系列的 t-V 数据，即测定不同过滤时间 t 时滤液量 V，并以滤液量 V 为横坐标，以 t/V 为纵坐标，所得直线斜率即为 b。

根据定义，按下式可求得 ω 值：

$$\omega=\frac{M_0}{V_0-V_k}=\frac{C_0\cdot C_K}{C_K-C_0} \tag{11-9}$$

式中 $C_0=\frac{M_0}{V_0}$ ——原污泥中固体物质浓度)(g/mL)；

$C_K=\frac{M_0}{V_K}$ ——滤饼中固体物质浓度(g/mL)；

上述 C_K 值必须测量滤饼的厚度方可求得，很困难也不准确，故改用测滤饼含水率的方法，求 ω 值。

$$\omega=\frac{C_0\cdot C_K}{C_K-C_0}=\frac{1}{\frac{1}{C_0}-\frac{1}{C_K}}=\frac{1}{\frac{100-M_0}{M_0}-\frac{100-M_0}{M_K}} \tag{11-10}$$

式中 M_0——100g 污泥中干泥量；

M_K——100g 滤饼中干泥量。

把 ω 值和直线斜率的 b 值代入式(11－8)可求得 r 值。

一般认为比阻为 $10^9\sim10^{10}\ s^2/g$ 的污泥为难过滤的，在 $(0.5\sim0.9)\times10^9\ s^2/g$ 的污泥为中等，比阻小于 $0.4\times10^9\ s^2/g$ 的污泥则易于过滤。

在污泥脱水中，往往要进行化学调节，即采用往污泥中投加混凝剂的方法降低污泥比阻 r 值，达到改善污泥脱水性能的目的，而影响化学调节的因素，除污泥本身的性质外，一般还有混凝剂的种类、浓度、投加量和化学反应时间。在相同实验条件下，采用不同的药剂、浓度、投量、反应时间，可以通过污泥比阻实验选择最佳条件。

11.3.3 仪器装置和材料

(1)实验装置(如图 11－5 所示)。

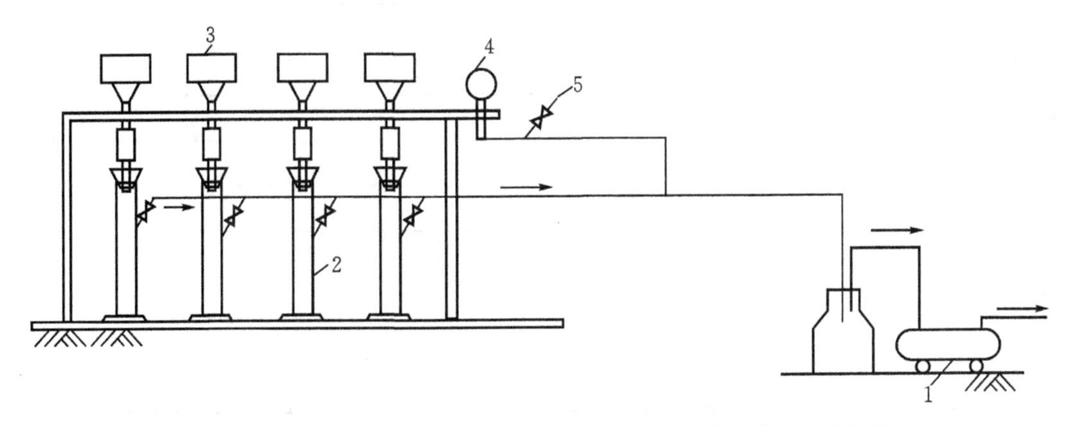

1—真空泵或电动吸引机；2—量筒；3—布氏漏斗；4—真空表；5—放气阀

图 11－5 污泥比阻测定装置示意图

(2)仪器与材料：定量滤纸放入有编号称量瓶中，烘干(烘箱调节温度至 100℃～105℃，烘干 2～3h)，置于干燥皿中冷却，称重至恒重待用。

(3)混凝剂：$Al_2(SO_4)_3$(浓度 2%、4%、6%和 8%)。

(4)待测活性污泥。

11.3.4 实验步骤

(1)先称量干燥皿中已恒重的称量瓶，布氏漏斗中放置滤纸，用水喷湿。开动真空泵(真空度约为 20kPa)，使量筒中成为负压，滤纸紧贴漏斗，关闭真空泵，并读取量筒初始值。

(2)泥样制备：烧杯中取搅拌均匀的原污泥 5 份(每份体积 V 为 100mL)，分别加入 5mL 浓度为 0%、2%、4%、6%和 8%的 $Al_2(SO_4)_3$ 混凝剂，在磁力搅拌器上搅拌 1min。

(3)各组将制备好的泥样倒入漏斗，再次开动真空泵，使污泥在一定条件下过滤脱水。每隔 10 s 记录不同过滤时间 t 的滤液体积 V 值及真空表读数值。

(4)记录当过滤到泥面出现龟裂，或滤液达到 85 mL 时，记录需要的时间 t 并关闭真空泵。此指标也可以用来衡量污泥过滤性能的好坏。

11.3.5 实验数据记录整理及问题讨论

1.实验数据记录整理

(1)测定滤饼和污泥的含水比，即 100g 滤饼中的干泥量 M_K，100g 污泥中干泥量 M_0，一起代入式(11－10)，计算得到 ω 值。

(2)布氏漏斗实验记录如表 11－4 所示。

表 11－4 布氏漏斗实验所得数据 真空表读数 P=20 kPa

时间 t(s)	0%		2%		4%		6%		8%	
	V (mL)	t/V (s/mL)	V (mL)	t/V (s/mL)	V (mL)	t/V (s/mL)	V (mL)	t/V (s/mL)	V (mL)	t/V (s/mL)
0										
10										
20										
30										
40										
50										
60										
70										
80										

(3)列表计算比阻值，如表 11－5 所示。

(4)绘制比阻—投药浓度的关系曲线，确定最佳投药浓度。

注意事项：

(1)混凝剂加入到污泥中以后，要充分搅拌混合。

(2)滤纸烘干称重后，放到布氏漏斗内，要先用蒸馏水湿润滤纸贴紧不漏气。

(3)污泥倒入布氏漏斗内有部分滤液流入量筒，所以在开始计时时应记录里筒内滤液初始体积 V_0 值。

(4)计算时注意单位一致，如过滤面积 A 单位为 cm^2，过滤压力单位为 g/cm^2 ($1MPa=1.02\times10^4 g/cm^2$)，$\mu$ 单位为 $g/(cm\cdot s)$时，计算得比阻 r 单位为 s^2/g 。

表 11－5 污泥比阻值计算表

<table>
<tr><td colspan="2" rowspan="5">$K=\frac{2P_{平均}A^2}{\mu}$</td><td colspan="3">布氏漏斗直径 d(cm)</td><td>7</td></tr>
<tr><td colspan="3">过滤面积 A(cm^2)</td><td></td></tr>
<tr><td colspan="3">滤液粘度 μ(g/(cm·s))</td><td>0.01</td></tr>
<tr><td colspan="3">真空压力 P 平均(g/cm^2)</td><td></td></tr>
<tr><td colspan="3">K 值(s·cm^3)</td><td></td></tr>
<tr><td colspan="2">原污泥固体浓度(g/cm^3)</td><td colspan="2"></td><td colspan="2"></td></tr>
<tr><td colspan="2">原污泥含水率 X_0(%)=[100－(W_2－ W_0)]/100</td><td colspan="2"></td><td colspan="2"></td></tr>
<tr><td colspan="2">$M_0=100-100X_0$</td><td colspan="2"></td><td colspan="2"></td></tr>
<tr><td>混凝剂用量(%)</td><td>0</td><td>2</td><td>4</td><td>6</td><td>8</td></tr>
<tr><td>$b=\mathrm{tg}\theta$(t/V-V 作图求出斜率)</td><td></td><td></td><td></td><td></td><td></td></tr>
<tr><td>W_0=(m+滤纸)(g)</td><td></td><td></td><td></td><td></td><td></td></tr>
<tr><td>W_1=(m+滤纸+滤饼湿重)(g)</td><td></td><td></td><td></td><td></td><td></td></tr>
<tr><td>W_2=(m+滤纸+滤饼干重)(g)</td><td></td><td></td><td></td><td></td><td></td></tr>
<tr><td>滤饼含水率 X_K(%)=(W_1－W_2)/ (W_1－ W_0)</td><td></td><td></td><td></td><td></td><td></td></tr>
<tr><td>$M_K=100-100X_K$</td><td></td><td></td><td></td><td></td><td></td></tr>
<tr><td>单位面积滤液的固体量 ω(g/cm^3)</td><td></td><td></td><td></td><td></td><td></td></tr>
<tr><td>比阻值 r(s^2/g)=$K\cdot b/\omega$</td><td></td><td></td><td></td><td></td><td></td></tr>
</table>

2. 问题讨论

(1)污泥比阻与哪些因素有关？污泥比阻大小与污泥固体浓度是怎样的关系？

(2)污泥比阻在污水处理中有何意义？

11.3.6 拓展性实验内容

1. 目的

验证污泥调理对污泥脱水性能的影响。

2. 内容

常用的污泥调理方法有化学调理、热处理、冷冻溶解、淘洗、辐射等，选择其中有条件的几种方法对污泥样品进行预处理(污泥调理)，测定调理后的污泥比阻，分析不同调理措施对污泥脱水性能的影响。

11.4 生物转盘实验

11.4.1 实验目的

(1)掌握生物转盘的工作原理；

(2)了解生物转盘的特点。

11.4.2 实验原理

生物转盘低速转动，在污水中生物膜吸附有机物，在空气中吸附氧气，在氧气作用下，微生物把吸附在盘面上的有机物分解为 H_2O、CO_2，从而除去有机物；生物膜上富余的氧气溶解在污水中，使水中微生物在氧的作用下也可分解有机物。生物转盘每转一圈即进行一次有机物吸附—吸收氧气—氧化分解—向污水中送氧，随着有机物的分解，生物膜逐渐变厚、微生物老化，在污水和盘片之间产生的剪切力的作用下而脱落，并随着水流进入下一级转盘或从装置下部排去，从而除去了水中的有机物。

11.4.3 实验装置

生物转盘(见图 11-6)，BOD 测度装置，量筒，天平。

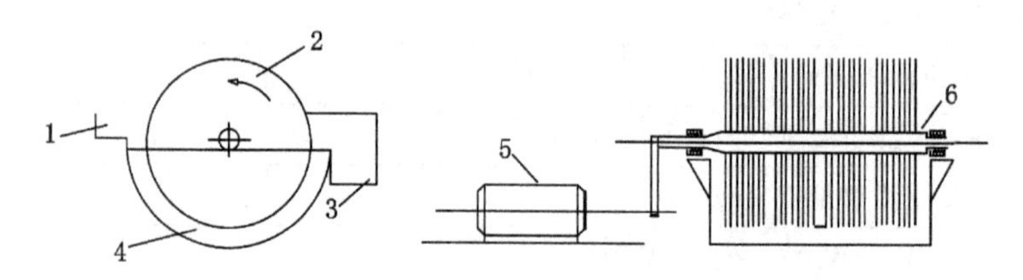

1—进口；2—盘片；3—出口；4—接触反应槽；5—电动装置；6—转轴

图 11-6 生物转盘示意图

11.4.4 实验步骤

(1)微生物的培养(又称挂膜)；

(2)进水、出水、SV、MLSS、BOD 的测定；

(3)微生物的观察。

11.4.5 实验数据记录整理及问题讨论

1. 实验数据记录整理

SV_1 = ______　　$MLSS_1$ = ____　　BOD_1 = ____________________

SV_2 = ______　　$MLSS_2$ = ____　　BOD_2 = ____________________

SVI_1 = ______　　SVI_2 = ____　　$BOD_{去除度}$ = ________________

2. 问题讨论

(1)绘出生物转盘净化原理图(侧面、正面)。

(2)生物转盘怎样去除水中有机物？

(3)生物转盘净化污水有哪些特点？

11.4.6 拓展性实验内容

(1)目的。

考察活性污泥法系统的污泥与生物膜法系统的污泥的性能差异。

(2)内容。

选择活性污泥法污水处理系统中曝气池活性污泥、生物转盘脱落的生物膜污泥,分别测定其 SVI 值,对比分析沉降性能的变化。

通过镜检,比较分析转盘上附着的生物膜、脱落的生物膜及活性污泥法活性污泥中生物种群的差异。

11.5 酸性废水过滤中和实验

11.5.1 实验目的

(1)掌握酸性废水过滤中和装置的运行工艺;

(2)测定升流式白云石、石灰石膨胀过滤设备中和除酸的效果;

(3)了解滤料厚度、滤速与出水水质 pH 值之间的关系。

11.5.2 实验原理

工厂生产过程中产生酸性废水,含酸量在 3%~5%以上的高浓度含酸废水,应考虑回收利用;当浓度不高(<3%)时,回收利用意义不大,可采用中和法处理,令其通过具有中和性能的滤料(如石灰石、白云石、大理石等),使酸性废水以一定的速度滤过填料层时进行中和反应,从而使废水得到中和。

本实验酸性废水主要是树脂离子交换再生后的盐酸废液,还有少量动态法测定树脂交换工作容量时产生的硫酸废液。滤料采用粒径 0.5~3mm 的石灰石($CaCO_3$)和白云石($CaCO_3$ 和 $MgCO_3$),用升流式过滤设备中和含酸废水,化学反应如下:

$$CaCO_3 + HCL \rightarrow CaCL_2 + H_2O + CO_2\uparrow \tag{11-11}$$

$$MgCO_3 + HCL \rightarrow CaCL_2 + H_2O + CO_2\uparrow \tag{11-12}$$

$$CaCO_3 + H_2SO_4 \rightarrow CaSO_4\downarrow + H_2O + CO_2\uparrow \tag{11-13}$$

$$MgCO_3 + H_2SO_4 \rightarrow MgSO_4 + H_2O + CO_2\uparrow \tag{11-14}$$

滤池出水含有大量的溶解 CO_2 使污水仍呈酸性,pH 值在 5 左右,如果再通过装有塑料环的吹脱设备,去除中和后废水中的二氧化碳,使废水 pH 值在 6.0~6.6 之间。

11.5.3 实验流程及设备

实验装置如图 11-7 所示。

11.5.4 实验步骤

(1)在内衬塑料的低位水槽中,配制 HCL 溶液,浓度较低为为 3%~4%,用塑料泵循环,使 HCL 溶液混合均匀(pH 为 2~4)。

(2)开动塑料泵,将配好的 HCL 溶液提升到高位塑料水槽,然后用阀门调整中和过滤柱的流量使其达到所规定流速,使酸液以 40L/h 流量流经滤料层,20 min 后从排水水口取样测定其 pH 值。

(3)第一次取样结束后,调节流量为 60 L/h,15min 从排水口取水样测定其 pH 值(每组流

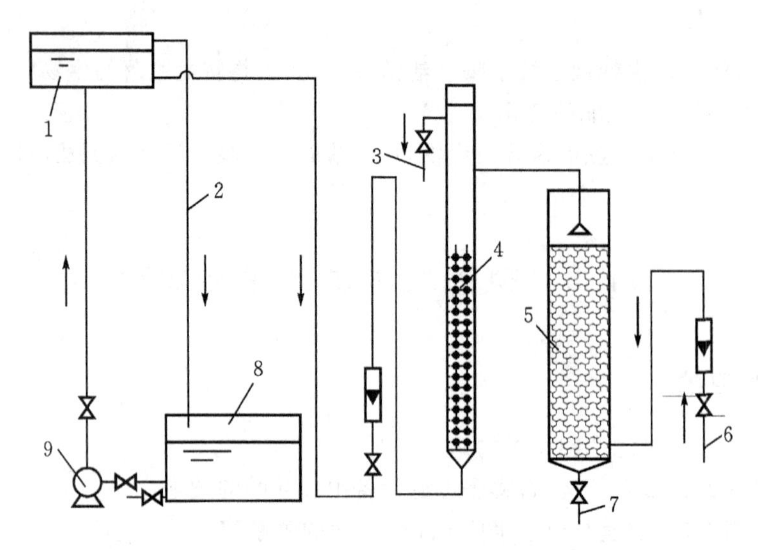

1—高位水箱；2—溢流管；3—中和后取样管；4—过滤中和柱；
5—吹脱柱；6—压缩空气进口；7—吹脱后水出口；8—低位水箱；9—耐酸泵

图 11-7　酸性废水过滤中和实验装置

速同时调整，以免互相干扰）。

(4)依次调节流量 80L/h，12min；100L/h，10min；120L/h，8min；从排水口取水样测定其pH 值；

(5)观察酸性废水中和过程出现的现象。

11.5.5　实验结果记录整理及问题讨论

1. 实验结果记录整理

(1)实验数据记录于表 11-6 中。

表 11-6　实验数据

原水 pH=________；柱内径 ϕ=8.95cm 。

原水流量 (L/h)	滤速 (m/h)	时间 (min)	pH 值			
			H_1= cm	H_2= cm	H_3= cm	H_4= cm
40		20				
60		15				
80		12				
100		10				
120		8				

(2)绘制出水 pH 值与流速、滤料厚度的关系曲线。

2. 问题讨论

(1)用过滤中和法处理酸性废水的滤料有哪些？常用的中和方法有哪些？

(2)过滤中和法(滤料为石灰石)处理盐酸废水的浓度范围是多大？为什么？

(3)根据实验结果说明处理效果与哪些因素有关。

11.6 溶气浮上法处理废水实验

11.6.1 实验目的

(1)掌握加压溶气气浮实验原理,了解溶气水投加量与去除率的关系;

(2)掌握加压溶气气浮的工艺流程及水质变化规律,熟悉实验设备和实验方法。

11.6.2 实验原理

根据气体在水中的溶解度与压力成正比的原理,将空气加压通入水中,形成溶气水,富含微小气泡的溶气水与水中悬浮颗粒粘附,形成水—气—颗粒三相混合体系,附聚在一起浮上水面,形成浮渣层,达到从废水中浮上分离悬浮固体的目的。

11.6.3 实验仪器设备

溶气浮上实验装置(见图 11-8);人工配置废水水样(含纸质颗粒物废水);光电式浊度仪;常用玻璃仪器等。

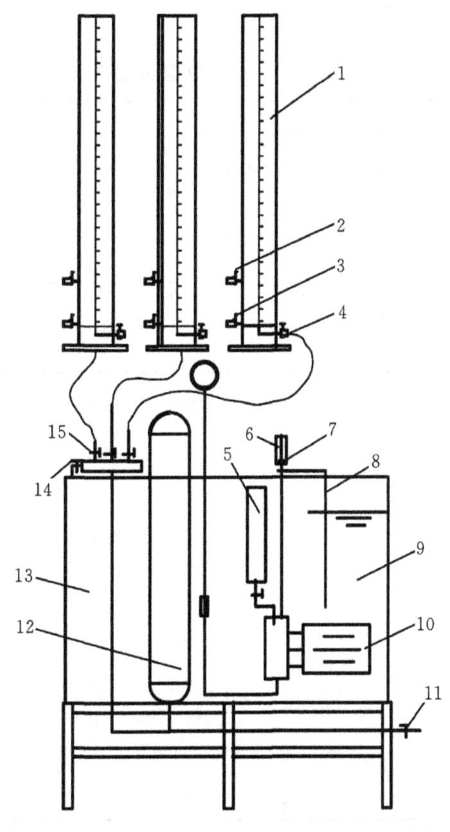

1—气浮筒;2—取样阀;3—排水阀;4—进气阀;5—泵体加水桶;6—气体流量计;7—进气管;8—进水管;9—水箱;10—管道泵;11—排水阀;12—溶气缸;13—水箱;14—溶气水排放阀;15—溶气水调节阀

图 11-8 实验装置

11.6.4 实验内容与步骤

(1)向浮上柱内加废水水样 1000mL。缓慢旋启溶气水释放器阀门,通入溶气水 200mL,关闭释放器,反应 5～6min 后,开启取样阀门,先排放少量水样至烧杯中倒掉,再取水样 100mL,倒入比色管进行浊度测定。

(2)排空浮上柱内废水,并用自来水冲洗浮上柱内壁残渣。

(3)向浮上柱内加废水水样 1000mL,按步骤(1),改变溶气水通入量分别为 400mL、600mL、800mL、1000mL,分别取水样进行浊度测定。

注意事项:

(1)实验设备为压力容器,外排水阀门必须处于开启状态,以免水泵负荷过大受到损坏。注意观察外排阀门出水情况,一旦无水排出,应该立即关闭电源,向水泵中加入少量引水后再开启。

(2)电源开关及线路切勿与水接触,以防触电。

(3)实验时应注意观察实验现象,及时记录。

11.6.5 实验结果记录整理及问题讨论

1. 实验结果记录整理

(1)将实验数据填入表 11－7 中。

表 11－7 实验数据记录表　　　　溶汽水压力(MPa)________

废水水质	溶气水投加量(mL)	处理后水质	
浊度		浊度	去除率(%)

(2) 计算并绘出废水去除率与溶气水通入量的关系曲线(见图 11－9)。

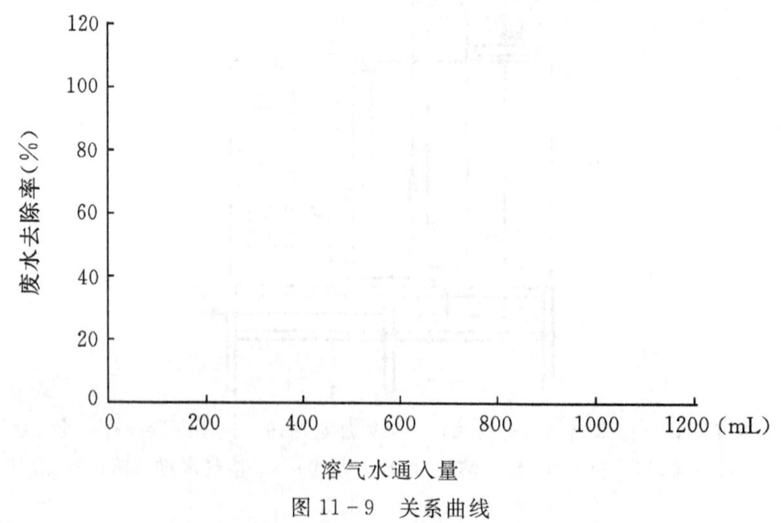

图 11－9 关系曲线

2. 问题讨论

简述混凝处理工艺与气浮处理废水工艺的异同之处。

11.6.6 拓展性实验内容

1. 目的

考察直接溶气气浮与混凝溶气气浮的差异。

2. 内容

选择活性污泥法污水处理系统中曝气池活性污泥混合液，进行直接溶气气浮、混凝溶气气浮两项实验，分别测定气浮后清水的SS或浊度，对比分析直接溶气气浮与混凝溶气气浮的气浮效果差异。

11.7 活性炭吸附实验

11.7.1 实验目的

(1)加深理解吸附的基本原理；

(2)通过实验进一步了解活性炭吸附的工艺及性能，熟悉实验过程的操作；

(3)掌握用间歇法、连续流法确定活性炭处理污水的设计参数及活性炭吸附公式中的常数。

11.7.2 实验原理

固体表面的分子或原子因受力不均衡而具有剩余的表面能，当某些物质碰撞固体表面时，受到这些不平衡力的吸引而停留在固体表面上，这就是吸附。这里的固体称为吸附剂，被固体吸附的物质称为吸附质。吸附的结果是吸附质在吸附剂上聚集，吸附剂的表面能降低。吸附可分为三种基本类型：物理吸附、化学吸附、交换吸附。

活性炭对水中所含杂质的吸附既有物理吸附现象，也有化学吸附作用。有一些被吸附物质先在活性炭表面上积聚浓缩，继而进入固体晶格原子或分子之间被吸附，还有一些特殊物质则与活性炭分子结合而被吸附。

当活性炭对水中所含杂质吸附时，水中的溶解性杂质在活性炭表面积聚而被吸附，同时也有一些被吸附物质由于分子的运动而离开活性炭表面，重新进入水中即同时发生解吸现象。当吸附和解吸处于动态平衡时，即单位时间内活性炭吸附的数量等于解吸的数量时，此时被吸附物质在溶液中的浓度和在活性炭表面的浓度均不再变化，达到了平衡，称为吸附平衡。这时活性炭和水(即固相和液相)之间的溶质浓度，具有一定的分布比值。如果在一定压力和温度条件下，用 m 克活性炭吸附溶液中的溶质，被吸附的溶质为 x 毫克，则单位重量的活性炭吸附溶质的数量 q_e，即吸附容量(平衡吸附量，mg/g)可按下式计算：

$$q_e = \frac{V(C_0 - C_e)}{m} = \frac{x}{m} \tag{11-15}$$

式中 V——溶液体积(L)；

C_0、C_e——分别为溶质的初始浓度和平衡浓度(mg/L)；

m——吸附剂量(活性炭投加量)(g);

x——被吸附物质重量(mg);

显然,平衡吸附量越大,单位吸附剂处理的水量越大,吸附周期越长,运转管理费用越少。q_e大小除了决定于活性炭的品种外,还与被吸附物质的性质、浓度、水的温度及 pH 值有关。一般说来,当被吸附的物质能够与活性炭发生结合反应、被吸附物质又不容易溶解于水而受到水的排斥作用,且活性炭对被吸附物质的亲和作用力强,被吸附物质的浓度又较大时,q_e值就比较大。

在温度一定的条件下,活性炭的吸附量随被吸附物质平衡浓度的提高而提高,两者之间的变化曲线称为吸附等温线,即将平衡吸附量 q_e与相应的平衡浓度 C_e作图得吸附等温线,描述吸附等温线的数学表达式称为吸附等温式。常用的吸附等温式有 Langmuir 等温式、B. E. T. 等温式和 Freundlich 等温式。在水和污水处理中通常用 Freundlich 表达式来比较不同温度和不同溶液浓度时的活性炭的吸附容量:

$$q_e = KC_e^{\frac{1}{m}} \tag{11-16}$$

式中 q_e——吸附容量(mg/g);

K——Freundlich 吸附系数,与吸附比表面积、温度有关;

N——与温度有关的常数,$m>1$;

C_e——被吸附物质平衡浓度(mg/L)。

式(11-16)是一个经验公式,通常通过间歇式活性炭吸附实验测得 q_e、C_e一一对应值,再用图解方法求出 K、m 的值。为了方便易解,将式(11-16)变换成线性对数关系式:

$$\lg q_e = \lg\frac{C_0 - C_e}{m} = \lg K + \frac{1}{m}\lg C_e \tag{11-17}$$

式中 C_0——水中被吸附物质原始浓度(mg/L);

C_e——被吸附物质的平衡浓度(mg/L);

m——活性炭投加量(g/L)。

将 q_e、C_e相应值点绘在双对数坐标纸上,所得直线的斜率为 $1/m$,截距为 K。$1/m$ 值越小,活性炭吸附性能越好,一般认为当 $1/m=0.1\sim0.5$ 时,水中欲去除杂质易被吸附;$1/m>2$ 时,难于吸附。当 $1/m$ 较小时,多采用间歇式活性炭吸附操作,当 $1/m$ 较大时,适宜采用连续式活性炭吸附操作。

连续式活性炭的吸附过程同间歇式吸附有所不同,这主要是因为前者被吸附的杂质来不及达到平衡浓度 C_e,因此不能直接应用上述公式。这时应对吸附柱进行被吸附杂质泄漏和活性炭耗竭过程实验,也可简单地采用勃哈特和亚当斯所提出的 Bohart-Adams 关系式:

$$\ln(\frac{C_0}{C_B} - 1) = \ln[\exp(\frac{KN_0H}{v} - 1)] - KC_0t \tag{11-18}$$

$$t = \frac{N_0}{C_0 v}H - \frac{1}{C_0K}\ln(\frac{C_0}{C_B} - 1) \tag{11-19}$$

式中 t—— 工作时间(h);

v—— 吸附柱中流速(m/h);

H—— 活性炭层厚度(m);

K—— 流速常数(L/mg·h);

N_0—— 吸附容量，即达到饱和时被吸附物质的吸附量(mg/L)；

C_0—— 入流溶质浓度(mg/L)；

C_B—— 出流溶质浓度(mg/L)。

根据入流、出流溶质浓度可用式(11-20)估算活性炭柱吸附层的临界厚度，即当 $t=0$ 时，能保持出流溶质浓度不超过 C_B 的炭层理论厚度。

$$H_0 = \frac{v}{KN_0}\ln\left(\frac{C_0}{C_B}-1\right) \tag{11-20}$$

式中：H_0 为临界厚度，其余符号同上面。

11.7.3 实验装置与设备

(1)间歇性吸附采用三角烧杯内装入活性炭和水样进行振荡的方法。

药品：活性炭，次甲基蓝。

器皿：50 mL 具塞三角瓶 24 个(分四组)，100 mL 烧杯 24 个，过滤漏斗 24 个，10 mL 具塞刻度试管 24 个，振荡器 THZ-82 型 1 台，分光光度计 1 台。

(2)连续流式采用有机玻璃柱内装活性炭、水流自上而下连续进出方法。如图 11-10 所示。

药品：活性炭，次甲基蓝。

器皿：蠕动泵、分光光度计各 1 台，ϕ18×300 活性炭柱 12 支，ϕ18 单孔橡皮塞 24 个，10mL 具塞刻度试管 16 支，10mL 试管架 8 个，1000mL 烧杯 8 个，100mL 烧杯 8 个，50mL 烧杯 8 个，200mL 容量瓶 8 个，10mL 比色管 16 支，20mL、10mL、5mL、2mL、1mL 移液管各 8 支。

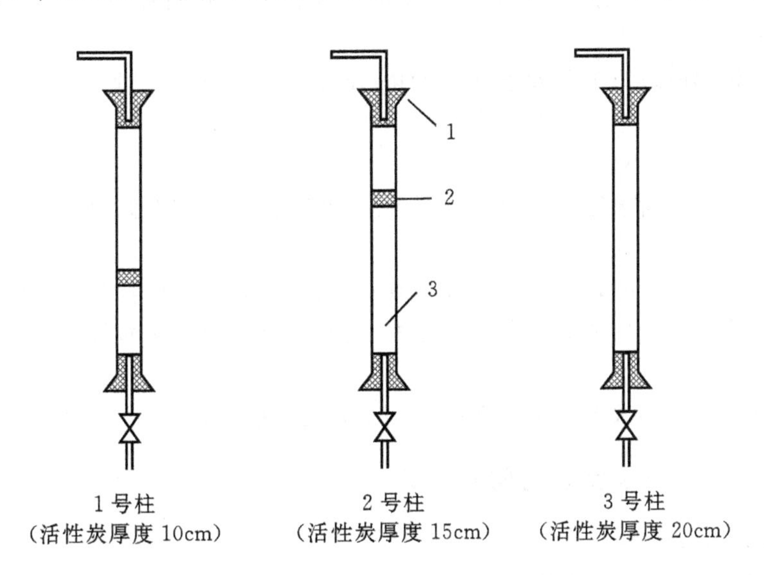

1—单孔橡皮塞；2—石英砂；3—活性炭层

图 11-10 活性炭连续流吸附实验装置示意图

11.7.4 实验步骤

1. 溶液配制

(1)配制有色水样,使其含次甲基蓝 200mg/L;

(2)绘制次甲基蓝标准曲线:

①配制次甲基蓝标准溶液:称取 0.2g 次甲基蓝,用蒸馏水溶解后移入 1000mL 容量瓶中,并稀释至标线,此溶液浓度为 200mg/L。

②绘制标准曲线:根据需求用移液管分别吸取一定体积的次甲基蓝标准溶液,于 25mL 比色管中,配制浓度分别为 20mg/L、16mg/L、12mg/L、8mg/L、6mg/L、1mg/L、0mg/L 的标准曲线溶液,摇匀,以水为参比,在波长 668nm 处,用 1cm 比色皿测定吸光度(20mg/L、16mg/L、12mg/L 需稀释 4 倍后测定),绘出标准曲线。

2. 间歇式吸附实验

(1)配制水样 1L,使次甲基蓝含量为 100mg/L。

(2)在 6 个具塞三角烧瓶分别加入 0.2g 活性炭粉末,配置甲基蓝浓度分别为 0mg/L、5mg/L、10mg/L、15mg/L、20mg/L、25mg/L 的 50 水样,放入振荡器振荡 15 分钟。

(3)过滤各三角烧杯中水样,并测定浓度,计算吸附量,记入表 11-8。

3. 连续流吸附实验步骤

(1)配制水样,使次甲基蓝含量为 200mg/L。

(2)在 3 个活性炭吸附柱中,分别装入炭层厚度分别为 10cm、15cm、20cm 的活性炭。

(3)启动蠕动泵,将配制好的水样连续不断地从活性炭吸附柱顶部送入,并控制流量为 16mL/min左右。

(4)当水样流出时取第 1 个水样,然后每隔 6min 取 1 个样,连续取 4 个样,测定并记录各水样的溶质浓度,将结果记录在表 11-8 中。

注意事项:

(1)间歇吸附实验所求得的 q_e 如果出现负值,则说明活性炭明显地吸附了溶剂,此时应调换活性炭或调换水样。

(2)连续流吸附实验时,如果第一个活性炭柱出水中溶质浓度值很小,则可增大进水流量或停止第二、三个活性炭柱进水,只用一个炭柱。反之,如果第一个炭柱进出水溶质浓度相差无几,则可减少进水量。

(3)进入活性炭柱的水中浑浊度较高时,应进行过滤去除杂质。

11.7.5 实验数据记录整理与问题讨论

1. 实验数据记录整理

(1)间歇式吸附实验结果整理。

①各三角烧杯中水样过滤后测定结果记录于表 11-8。

②按式(11-16)计算吸附量 q_e,记录于表 11-8。

③以 $\lg[(C_0-C_e)/m]$ 为纵坐标,$\lg C_e$ 为横坐标绘 Fruendlich 吸附等温线,直线斜率为 $1/m$、截距为 K,记录于表 11-8。

④根据标准曲线图计算 K、m 值,代入式(11-17),求出 Fruendlich 吸附等温式,结果记录

于表 11-8。

(2)连续流吸附实验结果整理

①将实验测定结果记录于表 11-9。

②由实验数据,根据表 11-9 中 t-C 关系,选取某一出水浓度 C_x(该浓度一定要在 3 个活性炭柱所测浓度的范围内),确定该浓度下,各柱的工作时间 t_1、t_2、t_3,并记录于表 11-9。

表 11-8 间歇式吸附实验记录表

振荡时间____ min;水样体积______ mL;活性炭加入量=____ mg;温度:______℃。								
水样浓度 C_0(mg/L)	吸附平衡吸光值	吸附平衡浓度 C_e(mg/L)	吸附平衡吸附量 q_e(mg/g)	$\lg q_e$	$\lg C_e$	$\lg[(C_0-C_e)/m]$	K	m
0								
5								
10								
15								
20								
25								
Fruendlich 吸附等温式								

表 11-9 连续流吸附实验记录表

<table>
<tr><td rowspan="7">实验结果</td><td colspan="6">原水浓度 C_0____ mg/L;滤速 v(m/h)=______;炭柱厚(m)H_1=______;H_2=______;H_3=______。</td></tr>
<tr><td rowspan="2">工作时间 t(h)</td><td colspan="2">1 号柱</td><td colspan="2">2 号柱</td><td>3 号柱</td></tr>
<tr><td colspan="2">C_{B1}(mg/L)</td><td colspan="2">C_{B2}(mg/L)</td><td>C_{B3}(mg/L)</td></tr>
<tr><td>0</td><td colspan="2"></td><td colspan="2"></td><td></td></tr>
<tr><td>0.1</td><td colspan="2"></td><td colspan="2"></td><td></td></tr>
<tr><td>0.2</td><td colspan="2"></td><td colspan="2"></td><td></td></tr>
<tr><td>0.3</td><td colspan="2"></td><td colspan="2"></td><td></td></tr>
<tr><td rowspan="3">流速常数及吸附容量</td><td rowspan="3">选取的出水浓度 C_x(mg/L)</td><td colspan="3">各柱的工作时间 t(h)</td><td rowspan="2">求得的流速常数 K</td><td rowspan="2">求得的吸附容量 N_0</td></tr>
<tr><td>t_1</td><td>t_2</td><td>t_3</td></tr>
<tr><td></td><td></td><td></td><td></td><td></td></tr>
<tr><td rowspan="2">炭柱炭层临界厚度</td><td colspan="3" rowspan="2">当出水浓度为初始浓度的 10%,即 20 mg/L 时</td><td colspan="3">活性炭柱炭层的临界厚度 H_0(m)</td></tr>
<tr><td colspan="3"></td></tr>
</table>

③根据表 11-9 中 3 个活性炭柱的厚度 H_1、H_2、H_3,及各柱的工作时间 t_1、t_2、t_3,按照式(11-19),以时间 t 为纵坐标,以炭层厚 H 为横坐标,点绘 t、H 值,直线截距为 $[\ln(C_0/C_B-1)]/(KC_0)$、斜率为 $N_0/(C_0 v)$。将已知 C_0、C_B、v 等数值代入,求出流速常数 K 和吸附容量 N_0 值,并记录于表 11-9 中。(活性炭容重 r=0.7g/cm^{3}左右)

④根据式(11－20),如果出流溶质浓度为初始浓度的10%,即$0.1C_0$,求出活性炭柱炭层的临界厚度H_0,并记录于表11－9。

2. 问题讨论

(1)间歇吸附与连续流吸附相比,吸附容量q_e和N_0是否相等?怎样通过实验求出N_0值?

(2)通过实验,对活性炭吸附有什么结论性意见?如何进一步改进?

11.7.6 拓展性实验内容

1. 目的

考察水温度及pH值对吸附容量q_e的影响。

2. 内容

分别调整原水的温度、pH值,在不同温度和pH值下进行间歇吸附实验和连续流吸附实验步骤,绘制温度、pH值与吸附容量q_e变化的关系曲线,分析讨论温度、pH值对吸附容量影响的原因。

参考文献

[1]武汉大学.分析化学[M].5版.北京:高等教育出版社,2006.
[2]雷赐贤.工程流体力学及流体机械[M].北京:冶金工业出版社,1994.
[3]姜乃昌.泵与泵站[M].5版.北京:高等教育出版社,2006.
[4]顾夏声,胡洪营.水处理微生物学[M].5版.北京:高等教育出版社,2006.
[5]吴俊奇,李燕城.水处理实验技术[M].3版.北京:中国建筑工业出版社,2013.
[6]李圭白,张杰.水质工程学[M].北京:中国建筑工业出版社,2010.
[7]国家环境保护总局,等.水和废水监测分析方法[M].4版.北京:中国环境科学出版社,2006.
[8]高廷耀,顾国维.水污染控制工程[M].2版.北京:高等教育出版社,2001.

实验须知

1.室内禁止吸烟、进食和打闹，保持清洁卫生和安静，不准动用本次实验以外的物品，以免发生意外。实验室中任何物品，未经教师许可，不得携出室外。

2.实验前要作好预习，听从教师指导，按操作规程使用仪器设备，遇有盛强酸、强碱及菌种的器皿不慎打破、皮肤损伤或菌液吸入口中等意外发生时，应立即报告指导教师，及时处理，切勿隐瞒。

3.对实验药品、试剂等实验用品，力求节约使用，减少环境污染。对实验中可重复使用的用具：如玻璃器皿、棉塞和线绳等，实验完毕清洗干净后放回原处。

4.严格按照操作规范使用仪器，例如使用酒精灯时，注意安全，如遇火险，首先保证人身安全，莫慌张，用湿布或沙土覆盖灭火，必要时使用灭火器材；使用强酸、强碱等腐蚀性或毒性试剂时，在通风厨中带防护手套和眼罩，操作动作要稳，切忌滴撒到容器以外，如遇腐蚀皮肤，先用干净毛巾或纸擦拭，再用大量水冲洗，必要送医院处理。

5.实验需进行干燥或培养的物品，应标明时间、组别和处理方法，放于指定的地点进行烘干或培养，以备观察和使用。

6.桌地面及用具等保持清洁卫生，如有菌液污染桌面或其他地方时，可用3%来苏尔液覆盖0.5h后擦去；凡带菌工具(如吸管、玻璃刮棒等)在洗涤前需浸泡在3%来苏尔液中消毒；有染色剂滴撒在桌面或地面，及时用抹布擦拭，已经渗入表面，需用酒精擦净；有酸、碱液等滴撒在桌面或地面，及时用湿抹布擦净。

7.实验中认真、独立地完成实验内容，及时记录实验现象和结果；实验完毕，实验原始数据经指导教师检查无误后，将仪器器皿恢复原位并搞好清洁卫生，方可离开。离开实验室前请务必将手洗净。

8.实验废酸、废碱和有毒害废液禁止直接倒入下水管，按教师指导进行处理。

9.实验报告内容一般包括实验目的、实验原理、实验仪器简图、实验步骤、实验原始记录、实验数据记录整理及问题讨论等。实验原理、设备图、实验步骤等，在实验报告中简单说明。各组成员，除原始记录相同外，对计算结果和分析讨论均需独立认真写出，不得相互抄袭，并按时送交实验报告。

10.不得无故缺席，否则不能参加本课程的考试或考查。如因故缺席者，须实验前或后，持证明报告实验教师，请示补作办法，否则以无故缺席论。

本规则在实施中若与校、院规定不符，则按校、院规定办理。

附　录

附录 A　常用正交实验表

表 A－1　$L_4(2^3)$

实验号	列号		
	1	2	3
1	1	1	1
2	1	2	2
3	2	1	2
4	2	2	1

表 A－2　$L_8(2^7)$

实验号	列号						
	1	2	3	4	5	6	7
1	1	1	1	1	2	1	1
2	1	1	1	2	1	2	2
3	1	2	2	1	2	2	2
4	1	2	2	2	1	1	1
5	2	1	1	1	2	1	2
6	2	1	1	2	1	2	1
7	2	2	2	1	2	2	1
8	2	2	2	2	1	1	2

表 A－3　$L_{12}(2^{11})$

实验号	列号										
	1	2	3	4	5	6	7	8	9	10	11
1	1	1	1	2	2	1	2	1	2	2	1
2	2	1	2	1	2	1	1	2	2	2	2
3	1	2	2	2	2	2	1	2	2	1	1
4	2	2	1	1	2	2	2	2	1	2	1
5	1	1	1	2	1	2	2	2	1	2	2
6	2	1	2	1	1	2	2	1	2	1	1
7	1	2	2	1	1	1	2	2	2	1	2
8	2	2	1	2	1	2	1	1	2	2	2
9	1	1	1	1	2	2	1	1	1	1	2
10	2	1	2	2	1	1	1	2	1	1	1
11	1	2	2	1	1	1	1	1	1	2	1
12	2	2	1	2	2	1	2	1	1	1	2

表 A－4　$L_{16}(2^{15})$

实验号	列号														
	1	2	3	4	5	6	7	8	9	10	11	12	13	14	15
1	1	1	1	1	1	1	1	1	1	1	1	1	1	1	1
2	1	1	1	1	1	1	1	2	2	2	2	2	2	2	2
3	1	1	1	2	2	2	2	1	1	1	1	2	2	2	2
4	1	1	1	2	2	2	2	2	2	2	2	1	1	1	1
5	1	2	2	1	1	2	2	1	1	2	2	1	1	2	1
6	1	2	2	1	1	2	2	2	2	1	1	2	2	1	2
7	1	2	2	2	2	1	1	1	2	2	2	2	2	1	2
8	1	2	2	2	2	1	1	2	1	1	2	1	1	2	1
9	2	1	2	1	1	1	2	1	2	1	2	1	2	1	1
10	2	1	2	1	1	1	2	2	1	2	1	2	1	2	2
11	2	1	2	2	2	2	1	1	2	1	2	2	1	2	2
12	2	1	2	2	2	2	1	2	1	2	1	1	2	1	1
13	2	2	1	1	1	2	1	1	2	2	2	1	2	2	1
14	2	2	1	1	1	2	1	2	1	1	1	2	1	1	2
15	2	2	1	2	2	1	2	1	2	2	2	2	1	1	2
16	2	2	1	2	2	1	2	2	1	1	1	1	2	2	1

表 A－5　$L_9(3^4)$

实验号	列号			
	1	2	3	4
1	1	1	1	1
2	1	2	2	2
3	1	3	3	3
4	2	1	2	3
5	2	2	3	1
6	2	3	1	2
7	3	1	3	2
8	3	2	1	3
9	3	3	2	1

表 A－6　$L_{27}(3^{13})$

实验号	列　号												
	1	2	3	4	5	6	7	8	9	10	11	12	13
1	1	1	1	1	1	1	1	1	1	1	1	1	1
2	1	1	1	1	2	2	2	2	2	2	2	2	2
3	1	1	1	1	3	3	3	3	3	3	3	3	3
4	1	2	2	2	1	1	1	2	2	2	3	3	3
5	1	2	2	2	2	2	2	3	3	3	1	1	1
6	1	2	2	2	3	3	3	1	1	1	2	2	2
7	1	3	3	3	1	1	1	3	3	3	2	2	2
8	1	3	3	3	2	2	2	1	1	1	3	3	3
9	1	3	3	3	3	3	3	2	2	2	1	1	1
10	2	1	2	3	1	2	3	1	2	3	1	2	3
11	2	1	2	3	2	3	1	2	3	1	2	3	1
12	2	1	2	3	3	1	2	3	1	2	3	1	2
13	2	2	3	1	1	2	3	2	3	1	3	1	2
14	2	2	3	1	2	3	1	3	1	2	1	2	3
15	2	2	3	1	3	1	2	1	2	3	2	3	1
16	2	3	1	2	1	2	3	3	1	2	2	3	1
17	2	3	1	2	2	3	1	1	2	3	3	1	2
18	2	3	1	2	3	1	2	2	3	1	1	2	3

续表 A-6

实验号	列号												
	1	2	3	4	5	6	7	8	9	10	11	12	13
19	3	1	3	2	1	3	2	1	3	2	1	3	2
20	3	1	3	2	2	1	3	2	1	3	2	1	3
21	3	1	3	2	3	2	1	3	2	1	3	2	1
22	3	2	1	3	1	3	2	2	1	3	3	2	1
23	3	2	1	3	2	1	3	3	2	1	1	3	2
24	3	2	1	3	3	2	1	1	3	2	2	1	3
25	3	3	2	1	1	3	2	2	2	1	2	1	3
26	3	3	2	1	2	1	3	3	3	2	3	2	1
27	3	3	2	1	3	2	1	1	1	3	1	3	2

表 A-7 $L_{18}(6 \times 3^6)$

实验号	列号						
	1	2	3	4	5	6	7
1	1	1	1	1	1	1	1
2	1	2	2	2	2	2	2
3	1	3	3	3	3	3	3
4	2	1	1	2	2	3	3
5	2	2	2	3	3	1	1
6	2	3	3	1	1	2	2
7	3	1	2	1	3	2	3
8	3	2	3	2	1	3	1
9	3	3	1	3	2	1	2
10	4	1	3	3	2	2	1
11	4	2	1	1	3	3	2
12	4	3	2	2	1	1	3
13	5	1	3	3	1	3	2
14	5	2	1	1	2	1	3
15	5	3	2	2	3	2	1
16	6	1	2	2	3	1	2
17	6	2	3	3	1	2	3
18	6	3	1	1	2	3	1

表 A-8 $L_{18}(2\times3^7)$

实验号	列号							
	1	2	3	4	5	6	7	8
1	1	1	1	1	1	1	1	1
2	1	1	2	2	2	2	2	2
3	1	1	3	3	3	3	3	3
4	1	2	1	1	2	2	3	3
5	1	2	2	2	3	3	1	1
6	1	2	3	3	1	1	2	2
7	1	3	1	2	1	3	2	3
8	1	3	2	3	2	1	3	1
9	1	3	3	1	3	2	1	2
10	2	1	1	3	3	2	2	1
11	2	1	2	1	1	3	3	2
12	2	1	3	2	2	1	1	3
13	2	2	1	2	3	1	3	2
14	2	2	2	3	1	2	1	3
15	2	2	3	1	2	3	2	1
16	2	3	1	3	2	3	1	2
17	2	3	2	1	3	1	2	3
18	2	3	3	2	1	2	3	1

表 A-9 $L_8(4\times2^4)$

实验号	列号				
	1	2	3	4	5
1	1	1	1	1	1
2	1	2	2	2	2
3	2	1	1	2	2
4	2	2	2	1	1
5	3	1	2	1	2
6	3	2	1	2	1
7	4	1	2	2	1
8	4	2	1	1	2

表 A－10　$L_{16}(4^5)$

实验号	列号				
	1	2	3	4	5
1	1	1	1	1	1
2	1	2	2	2	2
3	1	3	3	3	3
4	1	4	4	4	4
5	2	1	2	3	4
6	2	2	1	4	3
7	2	3	4	1	2
8	2	4	3	2	1
9	3	1	3	4	2
10	3	2	4	3	1
11	3	3	1	2	4
12	3	4	2	1	3
13	4	1	4	2	3
14	4	2	3	1	4
15	4	3	2	4	1
16	4	4	1	3	2

表 A－11　$L_{16}(4^3\times2^6)$

实验号	列号								
	1	2	3	4	5	6	7	8	9
1	1	1	1	1	1	1	1	1	1
2	1	2	2	1	1	2	2	2	2
3	1	3	3	2	2	1	1	2	2
4	1	4	4	2	2	2	2	1	1
5	2	1	2	2	2	1	2	1	2
6	2	2	1	2	2	2	1	2	1
7	2	3	4	1	1	1	2	2	1
8	2	4	3	1	1	2	1	1	2
9	3	1	3	1	2	2	2	2	1
10	3	2	4	1	2	1	1	1	2
11	3	3	1	2	1	2	2	1	2
12	3	4	2	2	1	1	1	2	1
13	4	1	4	2	1	2	1	2	2
14	4	2	3	2	1	1	2	1	1
15	4	3	2	1	2	2	1	1	1
16	4	4	1	1	2	1	2	2	2

表 A-12 $L_{16}(4^4 \times 2^3)$

实验号	列号						
	1	2	3	4	5	6	7
1	1	1	1	1	1	1	1
2	1	2	2	2	1	2	2
3	1	1	3	3	2	1	2
4	1	1	4	4	2	2	1
5	2	2	2	3	2	2	1
6	2	2	1	4	2	1	2
7	2	2	4	1	1	2	2
8	2	2	3	2	1	1	1
9	3	3	3	4	1	2	2
10	3	3	4	3	1	1	1
11	3	3	1	2	2	2	1
12	3	3	2	1	2	1	2
13	4	4	4	2	2	1	2
14	4	4	3	1	2	2	1
15	4	4	2	4	1	1	1
16	4	4	1	3	1	2	2

表 A-13 $L_{16}(4^2 \times 2^9)$

实验号	列号										
	1	2	3	4	5	6	7	8	9	10	11
1	1	1	1	1	1	1	1	1	1	1	1
2	1	2	1	1	1	2	2	2	2	2	2
3	1	3	2	2	2	1	1	1	2	2	2
4	1	4	2	2	2	2	2	2	1	1	1
5	2	1	1	2	2	1	2	2	1	2	2
6	2	2	1	2	2	2	1	1	2	1	1
7	2	3	2	1	1	1	1	1	1	2	2
8	2	1	2	1	1	2	1	1	1	2	2
9	3	1	2	1	2	1	1	2	2	1	2
10	3	2	2	1	2	2	2	1	1	2	1
11	3	3	1	2	1	2	1	2	1	2	1
12	3	4	1	2	1	1	2	1	2	1	2
13	4	1	2	2	1	2	2	1	2	2	1
14	1	2	2	2	1	1	1	2	1	1	2
15	4	3	1	1	2	2	2	1	1	1	2
16	4	4	1	1	2	1	1	2	2	2	1

表 A-14　$L_{16}(4\times2^{12})$

实验号	列号												
	1	2	3	4	5	6	7	8	9	10	11	12	13
1	1	1	1	1	1	1	1	1	1	1	1	1	1
2	1	1	1	1	1	2	2	2	2	2	2	2	2
3	1	2	2	2	2	1	1	1	1	2	2	2	2
4	1	2	2	2	2	2	2	2	2	1	1	1	1
5	2	1	1	2	2	1	1	2	2	1	1	2	2
6	2	1	1	2	2	2	2	1	1	2	2	1	1
7	2	2	2	1	1	1	1	2	2	2	2	1	1
8	2	2	2	1	1	2	2	1	1	1	1	2	2
9	3	1	2	1	2	1	2	1	2	1	2	1	2
10	3	1	2	1	2	2	1	2	1	2	1	2	1
11	3	2	1	2	1	1	2	1	2	2	1	2	1
12	3	2	1	2	1	2	1	2	1	1	2	1	2
13	4	1	2	2	1	1	2	2	1	1	2	2	1
14	4	1	2	2	1	2	1	1	2	2	1	1	2
15	4	2	1	1	2	1	2	2	1	2	1	1	2
16	4	2	1	1	2	2	1	1	2	1	2	2	1

表 A-15　$L_{25}(5^6)$

实验号	列号					
	1	2	3	4	5	6
1	1	1	1	1	1	1
2	1	2	2	2	2	2
3	1	3	3	3	3	3
4	1	4	4	4	4	4
5	1	5	5	5	5	5
6	2	1	2	3	4	5
7	2	2	3	4	5	1
8	2	3	4	5	1	2
9	2	4	5	1	2	3
10	2	5	1	2	3	4

续表 A－15

实验号	列号					
	1	2	3	4	5	6
11	3	1	3	5	2	4
12	3	2	1	1	3	5
13	3	3	5	2	1	1
14	3	4	1	3	5	2
15	3	5	2	4	1	3
16	4	1	4	2	5	3
17	4	2	5	3	1	4
18	4	3	1	4	2	5
19	4	4	2	5	3	1
20	4	5	3	1	4	2
21	5	1	5	4	3	2
22	5	2	1	5	4	3
23	5	3	2	1	5	4
24	5	4	3	2	1	5
25	5	5	4	3	2	1

表 A－16　$L_{12}(3\times2^{1})$

实验号	列号				
	1	2	3	4	5
1	1	1	1	1	2
2	2	2	1	2	1
3	2	1	2	2	2
4	2	2	2	1	1
5	1	1	1	2	2
6	1	2	1	2	1
7	1	1	2	1	1
8	1	2	2	1	2
9	3	1	1	1	1
10	3	2	1	1	2
11	3	1	2	2	1
12	3	2	2	2	2

表 A-17　$L_{12}(6\times 2^2)$

实验号	列号		
	1	2	3
1	1	1	1
2	2	1	2
3	1	2	2
4	2	2	1
5	3	1	2
6	4	1	1
7	3	2	1
8	4	2	2
9	5	1	1
10	6	1	2
11	5	2	2
12	6	2	1

附录B　离群数据分析判断表

表B-1　克罗勃(Grubbs)检验临界 T_{α} 表

m	显著性水平 α			
	0.05	0.025	0.01	0.05
3	1.153	1.155	1.155	1.155
4	1.463	1.481	1.492	1.496
5	1.672	1.715	1.749	1.764
6	1.822	1.887	1.944	1.973
7	1.938	2.02	2.097	2.139
8	2.032	2.126	2.221	2.274
9	2.11	2.315	2.323	2.387
10	2.176	2.29	2.41	2.482
11	2.234	2.355	2.485	2.546
12	2.285	2.412	2.55	2.636
13	2.331	2.462	2.607	2.699
14	2.371	2.507	2.659	2.755
15	2.409	2.549	2.705	2.806
16	2.443	2.585	2.747	2.852
17	2.475	2.62	2.785	2.894
18	2.504	2.65	2.821	2.932
19	2.532	2.681	2.854	2.968
20	2.557	2.709	2.881	3.001
21	2.58	2.733	2.912	3.031
22	2.603	2.758	2.939	3.06
23	2.624	2.781	2.963	3.087
24	2.644	2.802	2.987	3.112
25	2.663	2.822	3.009	3.135
26	2.681	2.841	3.029	3.157
27	2.698	2.859	3.049	3.178
28	2.714	2.876	3.068	3.199
29	2.73	2.893	3.085	3.218
30	2.745	2.908	3.103	3.236

续表 B-1

m	显著性水平 α			
	0.05	0.025	0.01	0.05
31	2.759	2.924	3.119	3.253
32	2.773	2.938	3.135	3.27
33	2.786	2.952	3.15	3.286
34	2.799	2.965	3.164	3.301
35	2.811	2.979	3.178	3.316
36	2.823	2.991	3.191	3.33
37	2.835	3.003	3.204	3.343
38	2.846	3.014	3.216	3.356
39	2.857	3.025	3.288	3.369
40	2.866	3.036	3.24	3.381
41	2.877	3.046	3.251	3.393
42	2.887	3.057	3.261	3.404
43	2.896	3.067	3.271	3.415
44	2.905	3.075	3.282	3.425
45	2.914	3.085	3.292	3.435
46	2.923	3.094	3.302	3.445
47	2.931	3.103	3.31	3.455
48	2.94	3.111	3.319	3.464
49	2.948	3.12	3.329	3.474
50	2.956	3.128	3.336	3.483
60	3.025	3.199	3.411	3.56
70	3.082	3.257	3.471	3.622
80	3.13	3.305	3.521	3.673
90	3.171	3.347	3.563	3.716
100	3.207	3.383	3.26	3.754

表 B－2　Cobran 最大方差检验临界 C_α 表

m	$n=2$		$n=3$		$n=4$		$n=5$		$n=6$	
	$\alpha=0.01$	$\alpha=0.05$	$\alpha=0.01$	$\alpha=0.05$	$\alpha=0.01$	$\alpha=0.05$	$\alpha=0.01$	$\alpha=0.05$	$\alpha=0.01$	$\alpha=0.05$
2	—	—	0.995	0.975	0.979	0.939	0.959	0.906	0.937	0.877
3	0.993	0.967	0.942	0.871	0.883	0.798	0.834	0.745	0.793	0.707
1	0.968	0.906	0.864	0.768	0.781	0.684	0.721	0.629	0.676	0.59
5	0.928	0.841	0.788	0.684	0.696	0.598	0.633	0.544	0.588	0.506
6	0.883	0.781	0.722	0.616	0.626	0.532	0.564	0.48	0.52	0.445
7	0.828	0.737	0.664	0.561	0.568	0.48	0.508	0.431	0.466	0.297
8	0.794	0.68	0.615	0.516	0.521	0.438	0.463	0.391	0.424	0.36
9	0.754	0.638	0.673	0.478	0.481	0.403	0.425	0.358	0.387	0.329
10	0.718	0.602	0.538	0.445	0.447	0.373	0.393	0.331	0.357	0.303
11	0.684	0.57	0.504	0.417	0.418	0.348	0.366	0.308	0.332	0.281
12	0.653	0.541	0.475	0.392	0.392	0.326	0.343	0.288	0.31	0.262
13	0.624	0.515	0.45	0.371	0.369	0.307	0.322	0.271	0.291	0.246
14	0.599	0.492	0.427	0.352	0.349	0.291	0.304	0.255	0.274	0.232
15	0.575	0.471	0.407	0.335	0.332	0.276	0.288	0.242	0.259	0.22
16	0.553	0.452	0.388	0.319	0.316	0.262	0.274	0.23	0.246	0.208
17	0.532	0.434	0.372	0.305	0.301	0.25	0.261	0.219	0.234	0.198
18	0.514	0.418	0.356	0.293	0.288	0.24	0.249	0.209	0.223	0.189
19	0.496	0.403	0.343	0.281	0.276	0.23	0.238	0.2	0.214	0.181
20	0.48	0.389	0.33	0.27	0.265	0.22	0.229	0.192	0.205	0.174
21	0.465	0.377	0.318	0.261	0.255	0.212	0.22	0.185	0.197	0.167
22	0.45	0.365	0.307	0.252	0.246	0.201	0.212	0.178	0.189	0.16
23	0.437	0.354	0.297	0.243	0.238	0.197	0.204	0.172	0.182	0.155
24	0.425	0.343	0.287	0.235	0.23	0.191	0.197	0.166	0.176	0.149
25	0.413	0.334	0.278	0.228	0.222	0.185	0.19	0.16	0.17	0.144
26	0.402	0.325	0.27	0.221	0.215	0.179	0.184	0.155	0.164	0.14
37	0.391	0.316	0.262	0.215	0.209	0.173	0.179	0.15	0.159	0.135
28	0.382	0.308	0.255	0.209	0.202	0.168	0.173	0.146	0.154	0.131
29	0.372	0.3	0.248	0.203	0.196	0.164	0.168	0.142	0.15	0.127
30	0.363	0.293	0.241	0.198	0.191	0.159	0.164	0.138	0.145	0.124
31	0.355	0.286	0.235	0.193	0.186	0.155	0.159	0.134	0.141	0.12
32	0.347	0.28	229	0.188	0.181	0.151	0.155	0.131	0.138	0.117
33	0.339	0.273	0.224	0.184	0.177	0.147	0.151	0.127	0.134	0.114

续表 B-2

m	$n=2$		$n=3$		$n=4$		$n=5$		$n=6$	
	α=0.01	α=0.05	α=0.01	α=0.05	α=0.01	α=0.05	α=0.01	α=0.05	α=0.01	α=0.05
34	0.332	0.267	0.218	0.179	0.172	0.144	0.147	0.124	0.131	0.111
35	0.325	0.262	0.213	0.175	0.168	0.14	0.144	0.121	0.127	0.108
36	0.318	0.256	0.208	0.172	0.165	0.137	0.14	0.118	0.124	0.106
37	0.312	0.251	0.204	0.168	0.161	0.134	0.137	0.116	0.121	0.103
38	0.306	0.246	0.2	0.164	0.157	0.131	0.134	0.113	0.119	0.101
39	0.3	0.242	0.196	0.161	0.154	0.129	0.131	0.111	0.116	0.099
40	0.294	0.237	0.192	0.158	0.151	0.126	0.128	0.108	0.114	0.097

附录C　F分布表

表C-1　F分布表($\alpha=0.05$)

$n2$	$n1$														
	1	2	3	4	5	6	7	8	9	10	12	15	20	60	∞
1	161.4	199.5	215.7	224.6	230.2	234	236.8	238.9	240.5	241.9	243.9	245.9	248	252.2	254.3
2	18.51	19	19.16	19.25	19.3	19.33	19.35	19.37	19.38	19.4	19.41	19.43	19.45	19.48	19.5
3	10.13	9.55	9.28	9.12	9.01	8.94	8.89	8.85	8.81	8.79	8.74	8.7	8.66	8.57	8.53
4	7.71	6.94	6.59	6.39	6.26	6.16	6.09	6.04	6	5.96	5.91	5.86	5.8	5.69	5.63
5	6.61	5.79	5.41	5.19	5.05	4.95	4.88	4.82	4.77	4.74	4.68	4.42	4.56	4.43	4.36
6	5.99	5.14	4.76	4.53	4.39	4.28	4.21	4.15	4.1	4.06	4	3.94	3.87	3.74	3.67
7	5.59	4.74	4.35	4.12	3.97	3.87	3.79	3.37	3.68	3.64	3.57	3.51	3.44	3.3	3.23
8	5.32	4.46	4.07	3.84	3.69	3.58	3.5	3.44	3.39	3.35	3.28	3.22	3.15	3.01	2.93
9	5.12	4.26	3.86	3.63	3.48	3.37	3.29	3.23	3.18	3.14	3.07	3.01	2.94	2.79	2.71
10	4.96	4.1	3.71	3.48	3.33	3.22	3.14	3.07	3.02	2.98	2.91	2.85	2.77	2.62	2.54
11	4.84	3.98	3.59	3.36	3.2	3.09	3.01	2.95	2.9	2.85	2.79	2.72	2.65	2.49	2.4
12	4.75	3.89	3.49	3.26	3.11	3	2.91	2.85	2.8	2.75	2.69	2.62	2.54	2.38	2.3
13	4.67	3.81	3.41	3.18	3.03	2.92	2.83	2.77	2.71	2.67	2.6	2.53	2.46	2.3	2.21
14	4.6	3.74	3.34	3.11	2.96	2.85	2.76	2.7	2.65	2.6	2.53	2.46	2.39	2.22	2.13
15	4.54	3.68	3.29	3.06	2.9	2.79	2.71	2.64	2.59	2.54	2.43	2.4	2.33	2.16	2.07
16	4.49	3.63	3.24	3.01	2.85	2.74	2.66	2.59	2.54	2.49	2.422	2.35	2.28	2.11	2.01
17	4.45	3.59	3.2	2.96	2.81	2.7	2.61	2.55	2.49	2.45	2.38	2.31	2.23	2.06	1.96
18	4.41	3.55	3.16	2.93	2.77	2.66	2.58	2.51	2.46	2.41	2.34	2.27	2.19	2.02	1.92
19	4.38	3.52	3.13	2.9	2.74	2.63	2.54	2.48	2.42	2.38	2.31	2.23	2.16	1.98	1.88
20	4.35	3.49	3.1	2.87	2.71	2.6	2.51	2.45	2.39	2.35	2.28	2.2	2.12	1.95	1.84
21	4.32	3.47	3.07	2.84	2.68	2.57	2.49	2.42	2.37	2.32	2.25	2.18	2.1	1.92	1.81
22	4.3	3.44	3.05	2.82	2.66	2.55	2.46	2.4	2.34	2.3	2.23	2.15	2.07	1.89	1.78
23	4.28	3.42	3.03	2.8	2.64	2.53	2.44	2.37	2.32	2.27	2.2	2.13	2.05	1.86	1.76
24	4.26	3.4	3.01	2.78	2.62	2.51	2.42	2.36	2.3	2.25	2.18	2.11	2.03	1.84	1.73
25	4.24	3.39	2.99	2.76	2.6	2.49	2.4	2.34	2.28	2.24	2.16	2.09	2.01	1.82	1.71
30	4.17	3.32	2.92	2.69	2.53	2.42	2.33	2.27	2.21	2.16	2.09	2.01	1.93	1.74	1.62
40	4.08	3.23	2.84	2.61	2.45	2.34	2.25	2.18	2.12	1.08	2	1.92	1.84	1.64	1.51
60	4	3.15	2.76	2.53	2.37	2.25	2.17	2.1	2.04	1.99	1.92	1.83	1.75	1.53	1.39
120	3.92	3.07	2.68	2.45	2.29	2.17	2.09	2.02	1.96	1.91	1.83	1.75	1.66	1.43	1.25
∞	3.84	3	2.6	3.37	2.21	2.1	2.01	1.94	1.88	1.83	7.75	1.67	1.57	1.32	1

表 C-2　F 分布表($\alpha=0.01$)

$n2$	$n1$														
	1	2	3	4	5	6	7	8	9	10	12	15	20	60	∞
1	4052	4999.5	5403	5625	5764	5859	5928	5982	6022	6056	6106	6157	6209	6313	6366
2	98.5	99	99.17	99.25	99.3	99.33	99.36	99.37	99.39	99.4	99.42	99.43	99.45	99.48	99.5
3	34.12	30.82	29.46	23.71	28.24	27.91	27.67	27.49	27.35	27.23	27.05	26.37	26.69	26.32	26.13
4	21.2	18	16.69	15.98	15.52	15.21	14.98	14.8	14.66	14.55	14.37	14.2	14.02	13.65	13.46
5	16.26	13.27	12.06	11.39	10.97	10.67	10.46	10.29	10.16	10.05	9.89	9.72	9.55	9.2	9.02
6	13.75	10.92	9.78	9.15	8.75	8.47	8.26	8.1	7.98	7.87	7.72	7.56	7.4	7.06	6.88
7	12.25	9.55	8.45	7.85	7.46	7.19	6.99	6.84	6.72	6.62	6.47	6.31	6.16	5.82	5.65
8	11.26	8.65	7.59	7.01	6.65	6.37	6.18	6.03	5.91	5.81	5.67	5.52	5.36	5.03	4.86
9	10.56	8.02	6.99	6.42	6.06	5.8	5.61	5.47	5.35	5.26	5.11	4.96	4.81	4.48	4.31
10	10.04	7.56	6.55	5.99	5.64	5.39	5.2	5.06	4.94	4.85	4.71	4.56	4.41	4.08	3.91
11	9.65	7.21	6.22	5.67	5.32	5.07	4.89	4.74	4.63	4.54	4.4	4.25	4.1	3.78	3.6
12	9.33	6.93	5.95	5.41	5.06	4.82	4.64	4.5	4.39	4.3	4.16	4.01	3.86	3.54	3.36
13	9.04	6.7	5.74	5.21	4.86	4.62	4.44	4.3	4.19	4.1	3.96	3.82	3.66	3.34	3.17
14	8.86	6.51	5.56	5.04	4.69	4.46	4.28	4.14	4.03	3.94	3.8	3.66	3.51	3.18	3
15	8.68	8.36	5.42	4.89	4.56	4.32	4.14	4	3.89	3.8	3.67	3.52	3.37	3.05	2.87
16	8.53	6.23	5.29	4.77	4.44	4.2	4.03	3.89	3.78	3.69	3.55	3.41	3.26	2.93	2.75
17	8.4	6.11	5.18	4.67	4.34	4.1	3.93	3.79	3.68	3.59	3.46	3.31	3.16	2.83	2.65
18	8.29	6.01	5.09	4.58	4.25	4.01	3.84	3.71	3.52	3.51	3.37	3.23	3.08	2.75	2.57
19	8.18	5.93	5.01	4.5	4.17	3.94	3.77	3.63	3.46	3.43	3.3	3.15	3	2.67	2.49
20	8.1	5.85	4.94	4.43	4.1	3.87	3.7	3.56	3.4	3.37	3.23	3.09	2.94	2.61	2.45
21	8.02	5.78	4.87	4.37	4.04	3.81	3.64	3.51	3.35	3.31	3.17	3.03	2.88	2.55	2.36
22	7.95	5.72	7.82	4.31	3.99	3.76	3.59	3.45	3.35	3.26	3.21	2.98	2.83	2.5	2.31
23	7.88	5.66	4.76	4.26	3.94	3.71	3.54	3.41	3.3	3.21	3.07	2.93	2.78	2.45	2.26
24	7.82	5.61	4.72	4.22	3.9	3.67	3.5	3.36	3.26	3.17	3.03	2.89	2.74	2.4	2.21
25	7.77	5.57	4.68	4.18	3.85	3.63	3.46	3.32	3.22	3.13	2.99	2.85	2.7	2.36	2.17
30	7.56	5.39	4.51	4.02	3.7	3.47	3.3	3.17	3.07	2.98	2.84	2.7	2.55	2.21	2.01
40	7.31	5.18	4.31	3.83	3.51	3.29	3.12	2.99	2.89	2.8	2.66	2.52	2.37	2.02	1.8
60	7.08	4.98	4.13	3.65	3.34	3.12	2.95	2.82	2.72	2.63	2.5	2.35	2.2	1.84	1.6
120	6.85	4.79	3.95	3.48	3.17	2.96	2.79	2.66	2.56	2.47	2.34	2.19	2.03	1.66	1.38
∞	6.63	4.61	3.78	3.32	3.02	2.8	2.64	2.51	2.41	2.32	2.18	2.04	1.88	1.47	1

附录D 相关系数检验表

$n-2$	5%	1%	$n-2$	5%	1%	$n-2$	5%	1%
1	0.997	1.000	16	0.468	0.590	35	0.325	0.418
2	0.950	0.990	17	0.456	0.575	40	0.304	0.393
3	0.878	0.959	18	0.444	0.561	45	0.288	0.372
4	0.811	0.917	19	0.433	0.549	50	0.273	0.354
5	0.754	0.874	20	0.423	0.537	60	0.250	0.325
6	0.707	0.834	21	0.413	0.526	70	0.232	0.302
7	0.666	0.798	22	0.404	0.515	80	0.217	0.283
8	0.632	0.765	23	0.396	0.505	90	0.205	0.267
9	0.602	0.735	24	0.388	0.496	100	0.195	0.254
10	0.576	0.708	25	0.381	0.487	125	0.174	0.228
11	0.553	0.684	26	0.374	0.478	150	0.159	0.208
12	0.532	0.661	27	0.367	0.470	200	0.138	0.181
13	0.514	0.641	28	0.361	0.463	300	0.113	0.148
14	0.497	0.623	29	0.355	0.456	400	0.098	0.128
15	0.482	0.606	30	0.349	0.449	1000	0.062	0.081

附录E　标况下不同温度氧的饱和溶解度

标况下不同温度氧的饱和溶解度(大气压101.3kPa,空气中氧为20.9%时)

温度(℃)	溶解氧(mg/L)	温度(℃)	溶解氧(mg/L)	温度(℃)	溶解氧(mg/L)
0	14.62	14	10.37	28	7.92
1	14.23	15	10.15	29	7.77
2	13.84	16	9.95	30	7.63
3	13.48	17	9.74	31	7.5
4	13.13	18	9.54	32	7.4
5	12.80	19	9.35	33	7.3
6	12.48	20	9.17	34	7.2
7	12.17	21	8.99	35	7.1
8	11.87	22	8.83	36	7.0
9	11.59	23	8.68	37	6.9
10	11.33	24	8.53	38	6.8
11	11.08	25	8.38	39	6.7
12	10.83	26	8.22	40	6.6
13	10.60	27	8.07		

(1)在非标准状态,氧溶解度的计算公式如下:

$$S' = S \times \frac{P'}{P}$$

式中 S'—— 实验时的氧溶解度(mg/L);

S—— 在标准大气压P(101.3kPa)时的溶解度(mg/L);

P'—— 实验时的大气压力(kPa)。

(2)溶解氧饱和度,其计算公式为:

$$溶解氧饱和度(\%) = \frac{水中溶解氧含量}{采样水温和气压下饱和溶解氧含量} \times 100\%$$